W0262585

Kernpunkte der Preisbildung im Verkehrswesen

Mit besonderer Berücksichtigung
der Deutschen Reichsbahn und des gewerblichen
Güterfernverkehrs

Von

Emil Merkert

Dr. rer. pol., Diplom-Kaufmann
Tarifreferent im Reichs-Kraftwagen-Betriebsverband

Mit 12 Abbildungen im Text

Berlin
Verlag von Julius Springer
1937

ISBN-13:978-3-642-90099-0   e-ISBN-13:978-3-642-91956-5
DOI: 10.1007/978-3-642-91956-5

Vorbemerkung.

Die Preisbildung ist, solange man sich mit ihr beschäftigt, eine heiß umstrittene Frage im Wirtschaftsleben. Sie ist zweifelsohne auch das Kernproblem des Wirtschaftslebens. Nachdem man sich jetzt nahezu in allen Staaten nicht mehr auf den Standpunkt des „Laissez-faire laissez-aller" stellen kann, ist ihre Bedeutung noch gewachsen.

Der Unterschied in der Betrachtung der Preise von früher und jetzt liegt in dem jeweiligen wirtschaftlichen Handeln. Während man früher sozusagen aus instinktiven Kräften heraus dachte und wirtschaftete, verlangt das heutige soziale Leben ein bewußtes wirtschaftliches Handeln. Es wird zwar jetzt auch noch instinktiv gewirtschaftet. Wer aber kennt nicht jetzt die Folgen solchen wirtschaftlichen Verhaltens? Es entstehen aus ihm die sozialen Wirren in der ganzen Welt.

Wird im folgenden die Preisbildung im allgemeinen erörtert, so kann dies nur in der Form und dem Umfang geschehen, wie es die Behandlung der Frage der Preisbildung im Verkehrswesen notwendig macht. Aber auch die Ausführungen über die Preisbildung im Verkehrswesen sind bewußt in der kurzen Form gehalten, damit sie von Praktikern gelesen werden können. Die damit verbundenen Nachteile schienen dem Verfasser weniger gewichtig zu sein als die Notwendigkeit, in die Erörterungen über die Preisbildung einige grundsätzliche Gesichtspunkte hineinzustreuen. Der Verfasser vermied auch weitgehend die sog. wissenschaftliche Sprachform, um sich nicht, wie es immer wieder der Fall ist, in abstrakten Gedanken zu verlieren. Die Arbeit verlangt von dem Leser den Mut, das Abenteuer neuen wirtschaftlichen Denkens zu bestehen. Die Ausführungen sind als die rein persönliche Anschauung des Verfassers zu werten.

Berlin, im Januar 1937.

Emil Merkert.

Inhaltsverzeichnis.

1. Das Krankhafte liberalistischer Wirtschaftsweise.

Die liberalistische Wirtschaftsform war schon vor 100 Jahren so unrichtig, wie sie es heute in verstärktem Maße ist. Man kann deshalb diese Wirtschaftsform auch in den noch sog. demokratischen Ländern nicht als gesund ansprechen. Tief bedeutsam ist, daß selbst Staaten wie England und Amerika mit der liberalistischen Wirtschaftsform nicht mehr zurechtkommen. Unter dem Zwange der Verhältnisse sucht man auch dort nach neuen Wegen. Die Preistheorien der Vergangenheit waren intellektuelle Irrwege und mußten dies sein, weil sie die ungesunde liberalistische Wirtschaftsweise in Gesetzesform zu bringen versuchten. Die intellektuelle Denkweise der bürgerlichen Nationalökonomen und ihre Weltfremdheit gegenüber dem Empfinden der unteren Bevölkerungsschichten führten zu einem unlösbaren Knäuel in der sozialen Frage. Es ist heute offensichtlich, daß man mit der liberalistischen Wirtschaftsform nicht mehr das soziale Leben aufrechterhalten kann. Als man in den autoritär regierten Staaten Einfluß auf das Wirtschaftsleben nahm, ja größeren Einfluß nehmen mußte, als es von der politischen Seite gewünscht wurde, waren es auch diese Staaten, die sich grundsätzlich von der liberalistischen Form abkehrten.

Die liberalistische Wirtschaft bildet eine Form des Wirtschaftens, in der der einzelne frei nach Belieben zu schalten vermag. Da aber die Wirtschaft nur aus Gemeinschaftssinn heraus gestaltet werden kann, mußte der egoistische Zug des liberalistischen Wirtschaftens immer wieder zu Krankheitsprozessen führen. Man verkennt die tieferen Zusammenhänge im sozialen Leben völlig, wenn man in der Wirtschaft die Freiheit für richtig hält. Das enge Verbundensein aller wirtschaftenden Menschen schon allein durch die Arbeitsteilung muß zu der Einsicht führen, daß es im Wirtschaftsleben nur eine Brüderlichkeit geben kann, aber nicht eine Brüderlichkeit im sentimentalen Sinne, wie sie etwa von einzelnen religiösen Gemeinschaften gepflegt wird. Es muß eine Brüderlichkeit sein, die in der Erkenntnis erstarkt, daß jeder einzelne nur dann bestehen kann, wenn er sein Denken und Handeln auf die höhere Gemeinschaft ausrichtet. Im wirtschaftlichen Denken, im geistigen Tun der Wirtschaft besteht natürlich die Freiheit zu Recht. Es ist aber beispielsweise nicht richtig, wenn jeder nach Belieben in den Erzeugungsprozeß ein-

oder austreten kann. Man vergegenwärtige sich einmal das Ungesunde, was auch von den liberalistischen Preistheoretikern unverhohlen ausgesprochen wird, daß sich bei steigenden Preisen beliebig mehr Unternehmer mit weniger geeigneten Grundlagen am Erzeugungsprozeß beteiligen können und bei sinkenden Preisen einfach die Unternehmer ausgeschaltet werden, deren Aufwendungen den Preis überschreiten.

Das Charakteristische der liberalistischen Wirtschaftsform beruht auf dem sog. Händlerstandpunkt, in dem Geldverdienenwollen aus den angebotenen und nachgefragten Gütermengen. Es geht jetzt nicht mehr, daß man sich auch in der Gütererzeugung auf den Händlerstandpunkt stellt und sagt: „Angebot und Nachfrage bestimmen den Preis". Dies konnte man noch vor 100 Jahren und besonders in einem Lande wie England tun, das in jener Zeit in überwiegendem Maße ein Händlervolk war. Dort konnte deshalb auch die Lehre eines Adam Smith entstehen, der in Angebot und Nachfrage die bestimmenden Kräfte des Preises sah und von seinem Händlerstandpunkt aus auch Recht hatte. Es war aber von verhängnisvollster Wirkung, als man mit der Industrialisierung in den wichtigsten Ländern der Welt auf dem Händlerstandpunkt weiterhin verharrte. Die Erzeuger von Gütern hätten niemals den Händlerstandpunkt einnehmen dürfen. Ihre Tätigkeit darf nicht auf Einnahmeerzielung, sondern muß auf Herstellung und Bereitstellung von Gütern ausgerichtet sein. Der Erzeuger hat die Aufgabe, die von dem Verbraucher kommende Nachfrage nach Gütern zu befriedigen. Er soll dabei auch seine notwendigen Einnahmen haben. Es ist aber ein großer Unterschied, ob die Güterherstellung von der Höhe der zu erzielenden Rente abhängig gemacht oder aus dem Pflichtbewußtsein gegen die Volksgemeinschaft bestimmt wird.

Es war ein gewaltiger Irrtum, daß man in der liberalistischen Wirtschaft glaubte, der volkswirtschaftliche Prozeß würde sich mechanisch unter dem Einfluß reiner Geldinteressen abspielen. Noch heute wird viel zu wenig eingesehen, wie katastrophal eine solche Denkweise ist. Gesunde Preise können nicht von der Geldseite her entstehen. Sie können sich nur aus der geleisteten Arbeit ergeben. Geld ist stets etwas Abstraktes, was an Stelle von etwas Konkretem zu treten vermag. Man kann die Geldmenge beliebig vermehren, es wird dadurch kein einziges Brot mehr hergestellt. Geld kann immer nur der Gegenwert für körperliche oder geistige Arbeit sein. Eine Abwertung des Geldes ist meist ein Zeugnis für die Unfähigkeit eines Staates, sein soziales Leben zu ordnen. Wer im zwischenstaatlichen Verkehr sich durch Währungsunterschiede Vorteile zu verschaffen sucht, ist ein Raubritter im neuzeitlichen Gewand und gleichzeitig ein Totengräber der weltwirtschaftlichen Beziehungen.

Stellt man sich im Wirtschaftsleben auf den Standpunkt des „Laissez-faire laissez-aller", so werden die Verhältnisse stärker als die Menschen. Der Mensch hat jedoch stets die Wirtschaft zu lenken und zu meistern. Als am 23. Oktober 1929 in der Wallstreet und den anderen Börsen Amerikas die Preise der Wertpapiere nach unten stürzten, glaubten Morgan und andere Persönlichkeiten, sich durch ihren persönlichen Einsatz gegen die Flut anstemmen zu können. Es war aber zu spät; der Wagen lief schon führerlos bergab. Selbst große Persönlichkeiten können rollende Kapitalmassen so wenig aufhalten, wie Riesentannen wuchtige Lawinen. Von Tag zu Tag wurden die Menschen, die die Kapitalmassen beherrschen sollten, schneller und schneller mit ihnen fortgerissen. Hätten Menschen den wirtschaftlichen Aufstieg Amerikas gelenkt, so hätten Menschen auch die Gefahr des Abstiegs meistern können. Die Wirtschaft darf nicht ein Feld wilder Triebe und Begierden werden. In der Wirtschaft müssen Menschen mit Erfahrung und Einsicht gemeinsam den wirtschaftlichen Prozeß so lenken, daß sich außer der Wirtschaft auch das kulturelle und politische Leben gesund entfalten können.

Schaut man auf das Verkehrswesen, so findet man hier, wie in den anderen Zweigen der Wirtschaft, zunächst alle Erscheinungen liberalistischer Art, ja, die Auswüchse selbstsüchtigen Wirtschaftens sind hier z. T. noch stärker gewesen. Die Kämpfe der amerikanischen Eisenbahnen untereinander und gegen andere Verkehrsmittel waren geradezu strafbare Handlungen. Der Kampf der Verkehrsmittel in Amerika erreichte ein Ausmaß, wie man es selten im Handel oder in der Industrie findet. Die Beförderungspreise wurden um 20, 40, 50 und noch mehr Prozente herabgesetzt, nur um den Gegner unschädlich zu machen. So wurde die amerikanische Verkehrsbeziehung Detroit (Michigan) und Toledo (Ohio) von drei Omnibusgesellschaften bedient, die erst alle einen Fahrpreis von 1,75 Dollar erhoben. Eine der Gesellschaften ermäßigte den Fahrpreis auf 75 Cents, was die zweite veranlaßte, auf 45 Cents herunterzugehen. Schließlich gelangten alle drei Gesellschaften für kurze Zeit auf 20 Cents an, um dann wieder zu 75 Cents zurückzukehren. Eine Gesellschaft versuchte es nochmals mit 50 Cents, trotzdem selbst mit 75 Cents die Kosten nicht gedeckt werden konnten. In Deutschland wurde der Kampf zwischen Schiene und Landstraße in einer Form geführt, bei der die Reichsbahn selbst ihren heiligen Grundsatz der Gleichbehandlung aller Verfrachter aufs Spiel setzte.

Im Verkehrswesen finden wir aber auch das Eigenartige, daß nahezu alle Staaten in die Freiheit der einzelnen Unternehmer eingegriffen haben, und daß dies unter der liberalistischen Verfassung der Welt als eine Selbstverständlichkeit hingenommen wurde. Man erkannte auf dem Gebiete des Verkehrswesens schon frühzeitig, daß hier Belange allgemeiner und öffentlicher Art stark gefährdet werden können, wenn man die Unternehmer solcher Betriebe nach Belieben schalten läßt. Die Staatsgewalt erließ deshalb für Verkehrsbetriebe Gesetze und Verordnungen, nahm Einfluß auf ihre Beförderungspreise, machte Vorschriften für ihre Finanzierung, Betriebsführung und Rechnungslegung. Solche Maßnahmen lassen wiederum erkennen, daß die liberalistische Form des Wirtschaftens schon immer ungesund war.

Auf dem Gebiete der Preisbildung ist eine besondere Einflußnahme des Staates auf die Verkehrsbetriebe festzustellen. In den meisten Staaten erhalten Beförderungspreise erst dann Gültigkeit, wenn sie von der obersten Verwaltungsbehörde genehmigt worden sind. Die Verwaltungsbehörden der Staaten überwachen die Beförderungspreise und setzen sie mitunter selbst fest.

Im Vordergrund der Regelung durch die Verwaltungsbehörden steht auch die Menge der Betriebsleistungen. Dies geschieht hauptsächlich durch das Konzessionsverfahren, auf Grund dessen ein Verkehrsbetrieb erst eröffnet werden kann, wenn die Genehmigung hierzu erteilt worden ist. Es kann dadurch die Zahl der Verkehrsbetriebe und damit auch der Verkehrsumfang in dem durch wirtschaftliche Bedürfnisse und verkehrspolitische Ziele bestimmten Rahmen gehalten werden. Im Gesetz über den Güterfernverkehr mit Kraftfahrzeugen wird in Deutschland selbst die Zahl der von einem Betrieb zu verwendenden Fahrzeuge von einer Genehmigung abhängig gemacht, was sich in verstärktem Maße auf die Menge der Betriebsleistungen auswirkt. Mitunter wird von den Verwaltungsbehörden der Staaten die Menge der Betriebsleistungen auch unmittelbar festgesetzt. Dies geschieht, wie beispielsweise in Amerika, um der Bevölkerung in dünn besiedelten Gebieten eine genügend häufige Verkehrsmöglichkeit zu bieten.

Es ist also festzustellen: Im Verkehrswesen machen sich die Auswüchse liberalistischer Wirtschaftsweise zunächst verstärkt bemerkbar. Die damit verbundene Gefahr für die Allgemeinheit und der öffentliche Charakter der Verkehrsmittel führen jedoch selbst in der liberalistischen Wirtschaft reinster Prägung zu einer verwaltungsbehördlichen Regelung der Verkehrsmittel durch den Staat. Hätte man den im Grundsatz richtigen Gedanken der Bekämpfung von Auswüchsen im Verkehrswesen für die Wirtschaft im allgemeinen weitergedacht, so wäre man schon früher zu einer gesünderen Form des Wirtschaftens gekommen.

2. Merkmale der allgemeinen Preisbildung.

Unbestritten ist der Preis die wichtigste Erscheinung im Wirtschaftsleben. Seine Bedeutung ist allumfassend, denn von seiner Gestaltung wird das gesamte soziale Leben beeinflußt.

Bei der Betrachtung der Preisbildung ist weniger auf die Preishöhe und auf Angebot und Nachfrage zu schauen, als auf die hinter diesen

Begriffen wirkenden Kräfte. Die Preisformel: Angebot und Nachfrage bestimmen den Preis, ist an sich etwas Wesenloses. Man muß die Preise auf ihren allerersten Anfang zurückverfolgen, der meist bei der Gewinnung von Rohstoffen liegt. Der Preis für ein Fertigerzeugnis kann richtig gebildet werden und doch ungesund sein, weil der Preis für den Rohstoff oder für ein Zwischenerzeugnis falsch zustande kam.

Man kann nicht, wie es in volkswirtschaftlichen Lehrbüchern der Fall ist, mit einer „Definition" des Preises beginnen. Steht am Anfang die Begriffsbestimmung, so ist dies gleichbedeutend mit dem Bildwerk eines Menschen, das vor seinem Erscheinen auf dieser Welt geschaffen wurde.

Hinter jedem Preis stehen zunächst die Verbraucher, Erzeuger und Händler des entsprechenden Gutes, dann die Verbraucher, Erzeuger und Händler von Gütern, die mit jenem verbunden sind, schließlich überhaupt alle Verbraucher, Erzeuger und Händler einschließlich der Staaten als Steuer- und der Kirchen als Opfernehmende; auch das Kind, das noch nicht zu sprechen vermag, der Student, der von dem Wechsel seines Vaters lebt, der Erzieher und der Künstler, die geistig tätig sind, und die Menschen, die nicht oder nicht mehr arbeitsfähig sind, alle stehen hinter jedem Preis. Mit einem Beförderungspreis für eine Tonne Stahl von A nach B sind unter anderem die Menschen verknüpft, die diesen Stahl befördern und die das Verkehrsmittel, dessen Fahrbahn und Verwaltungsgebäude hergestellt haben; dann die Menschen, die das Halbmaterial zum Bau des Verkehrsmittels, der Fahrbahn, der Verwaltungsgebäude erzeugt und die Rohstoffe für die Zwischenerzeugnisse der Erde abgewonnen haben. Nach der Zukunft hin sind mit dem Beförderungspreis für die Tonne Stahl von A nach B verbunden: der Empfänger des Stahls, die den Stahl umformenden Arbeiter, die Käufer der aus dem Stahl hergestellten Erzeugnisse, ferner Betriebe, die mit den Verarbeitern des Stahls durch Kauf von Lebensmitteln, Bekleidungs-, Haushalt- und anderen Gegenständen in Berührung kommen. Es besteht nahezu immer eine endlose Kette, die in ferne Vergangenheit zurückgreift und in die weite Zukunft reicht und den Erdball umschließt. Die Preise sind die wichtigsten Glieder der in der Form der Weltwirtschaft miteinander verbundenen Menschen.

Umkreist man die Tatsache, daß hinter einem Preis all die Menschen stehen, die mit ihm verbunden sind, und untersucht man diese Verbundenheit, so kommt man zu dem Ergebnis, daß Menschen nur gemeinsam die Preise bilden können. Wäre ein Erzeuger in der Lage, einen mathematisch genauen Preis festzusetzen, so würde dies doch nichts nützen, wenn ihn die Verbraucher nicht bewilligen können. Ein Verbraucher kann noch so häufig auf dem Markt erscheinen, es ist dies bedeutungslos, wenn zu seiner Preiswilligkeit keine Güter zu erwerben sind. Ein Händler kann sich mit einem noch so geringen Gewinn zufrieden geben und doch ist dies wesenlos, wenn Erzeuger und Verbraucher im Preis nicht zusammenkommen können. Verbraucher, Erzeuger und Händler müssen sich deshalb zusammenfinden und aus ihrer Einsicht und Erfahrung gemeinsam die Preise bilden. Wer hiergegen einwendet, dies sei wohl ein vernünftiger, aber kein praktischer Gedanke, der sei an schon bestehende und gut bewährte Anfänge in dieser Beziehung erinnert. Nachdem beispielsweise im Gebiet des Milchwirtschaftsverbandes Berlin die Erzeuger und Händler der Milch unter Beteiligung der Verbraucher den Milchpreis gemeinsam festsetzten, ist der früher erbitterte Kampf der verschiedenen Interessenten einer Ruhe auf dem Milchmarkt gewichen; oder nachdem das Bundesverkehrsamt (Interstate Commerce Commission) in Amerika die Beförderungspreise der Eisenbahngesellschaften mit den Bedürfnissen der Verbraucher, den Verkehrskunden, durch ihre eingehende Befragung in Übereinstimmung bringt, hat der ungesunde Wettbewerb der amerikanischen Eisenbahnen aufgehört. Wer das Gesunde einer gemeinsamen Preisbildung nicht einzusehen vermag, der sei auch an die Ergebnisse von Besprechungen erinnert, bei denen nicht nur die Köpfe, sondern auch die Herzen der Menschen dabei waren. Wie häufig erschien vor einer Besprechung ein Problem völlig unlösbar oder in einer anderen Form lösbar, und wie häufig ergab das gemeinsame Ringen mehrerer Menschen eine gesunde praktische Lösung einer ungeklärten Frage. Natürlich sollen nicht Zusammenkünfte, um das ,,Parlamentieren'' zu pflegen, empfohlen werden. Eine Sinfonie ist um so vollkommener, je mehr es gelingt, alle Instrumente harmonisch zusammenzufassen. Auch Preisbilden ist eine sinfonische Arbeit. Ein Preis wirkt sich in einer Gemeinschaft um so gesünder aus, je mehr es gelingt, die mit einem Erzeugnis verbundenen Menschen in der Preishöhe in Übereinstimmung zu bringen.

Wie sind nun Verbraucher, Erzeuger und Händler im engeren Sinne mit der Preisbildung verbunden? Der Verbraucher beginnt auf Grund seiner Bedürfnisse sozusagen den wirtschaftlichen Prozeß. Seine Bedürfnisse sind es, die er und andere Menschen durch die Herstellung und Bereitstellung von Gütern und Leistungen zu befriedigen versuchen. Seine Kaufkraft, die in dem Preis der von ihm geschaffenen Güter oder erzielten Leistungen im Verhältnis zu den Preisen der von den anderen Menschen geschaffenen Güter oder erzielten Leistungen besteht, setzt die Grenze für den Erwerb fremder Güter und fremder Leistungen.

Der Erzeuger muß sich bei seiner Tätigkeit in erster Linie auf die Befriedigung der Bedürfnisse des Verbrauchers bzw. des Käufers einstellen; nicht die Einnahmen sollten ihn zum Schaffen veranlassen. Damit ist aber keineswegs gesagt, daß die Erzeugnisse und Leistungen zu Preisen abgesetzt werden sollen, die nicht die Aufwendungen für ihre Herstellung und Bereitstellung ausgleichen und übersteigen. Es besteht das unabänderliche Gebot in der Wirtschaft, daß für die Erzeugnisse und Leistungen ein solcher Preis zu bezahlen ist, der es ermöglicht, nicht nur die reinen wirtschaftlichen Aufwendungen ihrer Herstellung und Bereitstellung zu decken, sondern auch die kulturellen Bedürfnisse der Menschen zu befriedigen und ihre politischen Pflichten zu erfüllen. Preise, die dies nicht gestatten, müssen als ungesund und falsch bezeichnet werden. Da die einzelnen Erzeuger nicht zu übersehen vermögen, wie groß der Bedarf an Gütern oder Leistungen in einer Volksgemeinschaft ist, muß die Erzeugungsmenge in einer geordneten Wirtschaft von ihnen auch in Gemeinschaft mit den Verbrauchern und Händlern festgestellt werden.

Der Händler hat die ausgleichende Tätigkeit, die Bedürfnisse der Verbraucher an die Erzeuger heranzutragen und deren Erzeugnisse dem Verbraucher zu übermitteln. Er muß der Handelnde in Treue, der Treuhänder der wirtschaftlichen Belange einer Gemeinschaft sein. Leider ist der Händler allzusehr das geworden, was man mit den Worten handeln, händeln, streiten zu bezeichnen pflegt.

Wird heute so viel von dem „Service"gedanken gesprochen, so will man damit ausdrücken, daß der Verkäufer dem Kunden einen Dienst erweisen will. Würde dies wahrhaft so sein, so könnte der „Service"-gedanke als die richtige Einstellung der Händler und Erzeuger angesehen werden. Es ist aber zu bekannt, daß unter diesem äußeren Kleid, das sich „service" nennt, um so mächtiger die Profitgier verborgen hält.

Im Hinblick auf den Händler, der auch in einer geordneten Wirtschaft seine im Handel bestehende Tätigkeit auszuüben hat, war und ist die Preisformel in eingeengtem Sinne richtig. Im Handel gelten heute noch, daß sich die Nachfrage bei Ermäßigung des Preises erhöht und bei steigenden Preisen vermindert und daß bei Änderung des Angebots oder der Nachfrage sich die entsprechenden Änderungen im Preis einstellen. Wesentlich ist aber dabei, daß diese Änderungen bei einer von Menschen gelenkten Preisbildung beherrscht werden können und nicht zügellos ins Weite schießen werden, insbesondere werden sich mit der Lenkung des Angebots in Waren immer nur geringe Schwankungen im Preis und in der Nachfrage einstellen.

In der liberalistischen Wirtschaft ist es tatsächlich so, daß sich die abstrakt erscheinenden Größen von Angebot, Nachfrage und Preis gegenseitig bestimmen und die Menschen nahezu sklavenhaft den chaotisch auftretenden Kräften von Angebot, Nachfrage und Preis unterworfen sind. Wirken Verbraucher, Erzeuger und Händler zusammen und bilden sie sozusagen die lebendigen Säulen von Angebot, Nachfrage und Preis, so vollzieht sich die Preisbildung in gesunden Formen und es entstehen richtige Preise.

Eine gemeinsame Bildung der Preise durch Verbraucher, Erzeuger und Händler soll aber nicht etwa bedeuten, daß die von ihnen bestimmten Preise in alle Ewigkeit festgehalten werden sollen, sondern nur, daß sie eine Preisvereinbarung treffen, die sie auf dem Markte auf die Probe stellen. Es soll an den Geschehnissen des Marktes abgelesen werden, ob der gebildete Preis in dem Gewoge des Marktes bestehen kann, ob das Angebot an Waren von der Nachfrage nach Waren aufgenommen wird, ob die Nachfrage nach Waren durch das Angebot befriedigt wird und ob sich nicht irgendwelche Krankheitsprozesse im Wirtschaftsleben befinden. Der Händler hat mit dem Preis auf den Markt zu gehen, damit festgestellt werden kann, ob der Wirtschaftsprozeß in Ordnung ist. Dies ist nur möglich, wenn der Preis nicht wie eine tote Statue im Raume der Wirtschaft verankert, sondern allen in einem Volk vorhandenen Kräften ausgesetzt wird. Verändern sich bei solchem Tun die Preise, so ist zu prüfen, inwiefern die Preishöhe unrichtig war, ob zu wenig oder zuviel erzeugt worden ist und ob die Kaufkraft der Verbraucher, was eben auch eine Frage der Preishöhe für deren Erzeugnisse und Leistungen ist, in Ordnung ist.

Die Preishöhe darf nicht einfach durch den Geldwert verändert werden. Sind die Preise zu hoch, so müssen mehr Güter erzeugt, also mehr Arbeiter für die Herstellung dieser Güter eingesetzt werden. — Es soll hier unberücksichtigt bleiben, inwieweit ein Mehr an Gütern durch eine andere Organisation, durch Maschinen oder durch leistungsfähigere Maschinen erreicht werden kann. — Sind die Preise zu niedrig, so müssen weniger Güter erzeugt, also weniger Arbeiter für die Herstellung solcher Güter eingesetzt werden. Zusammenfassend kann gesagt werden, nicht die unbewußten, hinter Angebot und Nachfrage wirkenden Kräfte dürfen den Preis bestimmen, sondern die bewußten Einsichten der in einer Gemeinschaft tätigen Menschen. Die Preishöhe muß das Arbeitsergebnis in einer Volksgemeinschaft widerspiegeln. Beim Zusammenwirken der Verbraucher, Erzeuger und Händler melden sich die preisbestimmenden Kräfte zu Gehör; wird hingegen der Preisbildungsprozeß dem mehr oder weniger zufälligen Wirken der Marktlage und damit der Preisformel überlassen, so kommen jene Kräfte nur unbewußt und ungesund zur Geltung. Wie sich diese Kräfte im einzelnen äußern und was bei der Preisbildung im einzelnen zu beachten ist, wird in den folgenden Kapiteln, bei der Preisbildung der Verkehrsleistungen, dargetan.

Die bestehenden Wirtschaftsgemeinschaften könnten so umgestaltet werden, daß Verbraucher, Erzeuger und Händler in ihnen zusammenarbeiten könnten. Die gemeinsam gebildeten Preise wären dann auch die Arbeit jedes einzelnen, so daß Klagen über die Preishöhe allmählich verstummen würden. Sind bei solcher Arbeit Einsicht und guter Wille vorhanden, so wird sich die Preisbildung ohne erhebliche Schwierigkeiten vollziehen; die Schwierigkeiten werden vor allem geringer sein, als mancher Praktiker auf Grund seiner Erfahrungen glaubt annehmen zu müssen.

Dem politischen Staat könnte die Arbeit wesentlich erleichtert werden, wenn sich die Preisbildung gesund vollziehen würde. Dann wäre der Staat auch berechtigt, seine „Nachtwächterrolle" zu spielen. Zweifelsohne würde er diese Rolle auch nicht ablehnen, sobald eben die Wirtschaft von sich aus solche Preise hervorbringt, die ein gesundes Leben der Volksgemeinschaft ermöglichen. Zeigen aber die Erfahrungen, daß durch die Preisbildung das soziale Leben in einer Volksgemeinschaft beeinträchtigt wird, dann muß, wie jetzt in Deutschland durch einen Preiskommissar, von höherer Warte aus eingegriffen werden. Kürzlich hat der Preiskommissar Deutschlands zum Ausdruck gebracht: „Das Maß des Eingreifens kann entscheidend bestimmt werden durch die Kreise der Wirtschaft selber. Je disziplinierter sie in ihrer Gesamtheit ist und den Forderungen der Staatsführung Rechnung trägt, um so mehr kann sie auf sich selber gestellt den Verlauf des wirtschaftlichen Geschehens bestimmen. ... Kein vernünftiger Mensch wird unnötig Maßnahmen einer Einschränkung ergreifen, wenn günstigere Momente die freiere Entfaltung befürworten[1]."

Muß der Staat in die Preisbildung eingreifen, so verfolgt er ebenfalls nur das Ziel, gesunde Preise zu bilden. Er vermag dies aber auch nur über den vorgezeichneten Weg zu tun, indem er Verbraucher, Erzeuger und Händler zusammenberuft und mit ihnen gemeinsam die Preise festsetzt. „Das Preisbilden soll ein organischer Vorgang sein; demnach muß fortwährend eine innige Fühlungnahme mit den Wechselerscheinungen im Wirtschaftsleben gewährleistet bleiben[2]."

3. Kostengestaltung im Verkehrswesen.

Bei der Umschreibung der Preisbildung im Verkehrswesen soll zunächst die Kostengestaltung aufgezeigt werden, die von entscheidender Bedeutung für die Preisbildung ist.

Es besteht ein langer Kampf über den Einfluß der Kosten auf die Preise. Dies ist hauptsächlich darauf zurückzuführen, daß man das Wesen und die Gliederung der Kosten nicht klar genug zu erkennen vermochte. Eine etwas gründlichere betriebswirtschaftliche Schulung der Volkswirtschaftler wäre hier von Nutzen gewesen.

Kosten in der Betriebswirtschaft entsprechen Preisen in der Volkswirtschaft. Im volkswirtschaftlichen Prozeß haben wir Preise, in den

---

[1] Aus der Rede des Preiskommissars, des Gauleiters Josef Wagner, gehalten am 13. November 1936 auf dem Ersten Deutschen Fachkongreß für das Prüfungs- und Treuhandwesen in Weimar.

[2] Preiskommissar Wagner in derselben Rede.

betriebswirtschaftlichen Vorgängen Kosten. Es besteht eine immerwährende Verwandlung von Kosten in Preise und umgekehrt von Preisen in Kosten. Im eigentlichen volkswirtschaftlichen Prozeß entstehen Preise für die erzeugten Güter. Beim Gebrauch und Verbrauch dieser Güter als Produktionsmittel in der betriebswirtschaftlichen Sphäre entstehen Kosten. Die im volkswirtschaftlichen Prozeß werdenden Preise gehen in der betriebswirtschaftlichen Sphäre in Kosten auf.

Schwierigkeiten in der Kostenermittlung hätten die Volkswirtschaftler keinesfalls veranlassen dürfen, den Kosten in der Preisbildung eine untergeordnete Bedeutung beizumessen. Selbst bei einem Verkehrsmittel wie dem einer Schienenbahn lassen sich die Kosten so genau ermitteln, daß sie bei der Preisbildung und zur Beurteilung betriebsdienstlicher Vorgänge zugrunde gelegt werden können. Dies gilt auch für einen so großen Betrieb wie den der Reichsbahn. Bei den verhältnismäßig noch jungen Verkehrsmitteln, dem Kraftwagen und dem Flugzeug, können die Kosten schon geraume Zeit genauer als bei vielen Industriebetrieben ermittelt werden. Daß dies im gewerblichen Güterfernverkehr auf der Landstraße noch nicht zu Beförderungspreisen unter Berücksichtigung der Kosten der Lastkraftwagenbetriebe geführt hat, ist mehr auf verkehrspolitische Anschauungen als auf Unkenntnis der Kosten dieses Verkehrsmittels zurückzuführen. Dieser Sachverhalt verhinderte, daß bislang eine gesündere Form für die Beförderungspreise des gewerblichen Güterfernverkehrs auf der Landstraße geschaffen wurde.

Um den Zusammenhang zwischen Kosten und Preisen aufzuzeigen, ist es erforderlich, die Kostengliederung näher zu betrachten. Die Kosten können zunächst in die beiden Hauptgruppen der festen und beweglichen Aufwendungen unterteilt werden. Die erste Gruppe der festen Kosten umfaßt die Aufwendungen, die für die gesamten Leistungen einer gegebenen Betriebsgröße von der Verkehrsstärke unbeeinflußt bleiben. Auf eine Leistungseinheit bezogen vermindert sich der auf diese Einheit entfallende Kostenanteil mit der Menge der Leistungseinheiten. Zu der Gruppe der beweglichen Kosten gehören die Aufwendungen, die in ihrer Gesamtheit mit der Verkehrsstärke steigen und fallen. Sie sind für eine Leistungseinheit immer gleich hoch. Die gesamten Kosten wachsen in ihrer Gesamtheit mit zunehmender Verkehrsstärke. Da die festen Kosten innerhalb einer bestimmten Betriebsgröße von der Verkehrsstärke unbeeinflußt bleiben, werden die gesamten Kosten auf eine Leistungseinheit bezogen mit zunehmendem Leistungsumfang immer geringer; sie fallen deshalb unter den Begriff der „degressiven" Kosten.

Der Umstand, daß je nach Betriebsgröße und Betriebsart feste Kosten zu veränderlichen und veränderliche Kosten zu festen werden können, löst keinesfalls die praktische Bedeutung der Kostengliederung auf. Man muß sich nur der etwas mühevollen Aufgabe unterziehen und die

Kosten für jeden Betrieb ihrem Wesen nach bestimmen. In kleinen Betrieben oder in Betrieben mit geringer Ausnutzungsmöglichkeit der Fahrzeuge können beispielsweise die Aufwendungen für die Tilgung der Fahrzeuge oder die Löhne für die Fahrzeugführer feste Kosten sein, während die gleichen Aufwendungen in größeren Betrieben oder in Betrieben mit guter Ausnutzungsmöglichkeit der Fahrzeuge zu den veränderlichen Kosten gezählt werden müssen. Auch kann die Theorie natürlich keineswegs verhindern, daß die Aufwendungen für die Unterhaltung der Fahrzeuge, die meist als bewegliche Kosten anzusprechen sind, sich nicht im Verhältnis zur Leistungsmenge bewegen. Bei guter Unterhaltung der Fahrzeuge können diese Kosten degressiv, bei schlechter Unterhaltung oder Überlastung der Fahrzeuge sogar stark „progressiv" sein.

Tabelle 1. Bewegung fester, beweglicher und gesamter Kosten für einen 5 Tonnen-Diesellastkraftwagen bei einer wechselnden Zahl jährlicher Betriebsleistungsmengen.

Jährliche Betriebsleistung Fahrzeugkilometer	Für alle Leistungseinheiten			Für eine Leistungseinheit		
	Feste Kosten RM	Bewegliche Kosten RM	Gesamte Kosten RM	Feste Kosten Rpf.	Bewegliche Kosten Rpf.	Gesamte Kosten Rpf.
10 000	7000	2 300	9 300	70	23	93
20 000	7000	4 600	11 600	35	23	58
30 000	7000	6 900	13 900	23,3	23	46,3
40 000	7000	9 200	16 200	17,5	23	40,5
50 000	7000	11 500	18 500	14	23	37
60 000	7000	13 800	20 800	11,7	23	34,7
70 000	7000	16 100	23 100	10	23	33
80 000	7000	18 400	25 400	8,8	23	31,8
90 000	7000	20 700	27 700	7,8	23	30,8
100 000	7000	23 000	30 000	7	23	30

Um die Kostenbegriffe fest und beweglich noch deutlicher hervortreten zu lassen, soll ihre Bewegung bei jährlich verschiedenen Betriebsleistungsmengen zahlen- und bildmäßig aufgezeigt werden. Dies geschieht in der Tab. 1 und Abb. 1; den in der Tab. 1 genannten Aufwandsbeträgen für die jährlich unterschiedlichen Betriebsleistungsmengen sind die Beständigkeit der festen, die Verhältnismäßigkeit der beweglichen und die Degression der gesamten Kosten zu entnehmen. Die Aufwandsbeträge für eine Leistungseinheit vermindern sich bei den festen Kosten entsprechend den jährlichen Betriebsleistungsmengen, als bewegliche Kosten bleiben sie gleich hoch und als gesamte Kosten vermindern sie sich degressiv, d. h. durch das Zusammenfließen der festen und beweglichen Kosten in geringerem Umfange als die festen Kosten. Sinken die festen Kosten einer Leistungseinheit zwischen 10 000 und 100 000 Fahrzeugkilometern um den zehnten Teil, so ermäßigen sich die gesamten Kosten nur etwa um den dritten Teil. Aus der Abb. 1 ist die Verminderung der festen und gesamten Kosten für ein Fahrzeugkilometer bei jährlich zunehmender Leistungsmenge und die Beständigkeit der beweglichen Kosten klar zu sehen. Die Kurven der festen und gesamten Kosten fallen bei jährlich geringen Leistungsmengen erst steil, bei größeren Leistungsmengen immer schwächer. Die zur x-Achse parallel verlaufende Abszisse ···· weist auf die für ein Fahrzeugkilometer stets gleich hohen beweglichen Kosten hin. Die Verminderung der gesamten Kosten mit zunehmender Leistungsmenge ist symptomatisch für das Gesetz der abnehmenden Kosten.

Es wurde schon wiederholt darauf hingewiesen, daß die festen Kosten nicht schlechthin unveränderlich sind[1]. Sie sind tatsächlich auch nur unveränderlich innerhalb einer bestimmten Betriebsgröße. Um dies klar zu zeigen, ist es notwendig, die festen Kosten nochmals zu unterteilen, und zwar in absolut und relativ feste Kosten. Die „absolut festen Kosten" sind die Aufwendungen, die solange unveränderlich bleiben, als ein Betrieb seinen Beschäftigungsgrad innerhalb der vorhandenen Betriebsanlagen wirtschaftlich erweitern oder einengen kann. Sie umfassen vorwiegend die lang gebundenen Kapitalanlagen wie die Aufwendungen für Verzinsung und Tilgung der Verwaltungsgebäude und Werkstätten, die Aufwendungen für allgemeine Verwaltung, bei den Eisenbahnen auch die Kosten für den Bahnkörper (Oberbau) und bei der Schiffahrt den Aufwand für Verzinsung und Tilgung der Dampfer. Ein Beispiel für absolut feste Kosten: Die Aufwendungen für Tilgung und Verzinsung einer Fahrzeughalle, die 20 Fahrzeuge aufzunehmen vermag, bleiben gleich, auch wenn weniger Fahrzeuge eingestellt werden.

Die Ausdehnungs- und Einschränkungsmöglichkeit des Leistungsver-

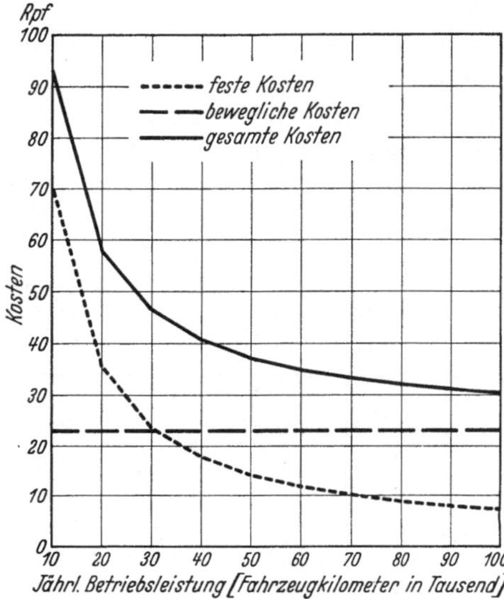

Abb. 1. Bewegung fester, beweglicher und gesamter Kosten für ein Fahrzeugkilometer eines 5 Tonnen-Dieselkraftwagens bei einer wechselnden Zahl jährlicher Betriebsleistungsmengen.

---

[1] Folgender Inhalt wurde aus einer früher veröffentlichten Arbeit des Verfassers „Theoretische Abhandlung über die Preisbildung im Verkehrswesen" entnommen. Siehe Arch. Eisenbahnwes. 1931 H. 4 u. 6.

mögens eines Betriebes gegebener Größe von der Untergrenze bis zur Obergrenze wird eine „Intensitätsstufe"[1] genannt, und die auf einer Intensitätsstufe möglichen Veränderungen in diesem Betrieb sollen als „Betriebsgrößen" oder „Unterstufen" bezeichnet werden. An der Obergrenze einer Intensitätsstufe liegt das „relative Intensitätsmaximum". Da je nach Ausnutzung des Leistungsvermögens eines Betriebes die absolut festen Kosten (in ihrer Gesamtheit) auf eine größere oder kleinere Zahl Fahrzeuge oder Leistungseinheiten (s. Tab. 2 und Abb. 2) verteilt werden können, entstehen für die Betriebsgrößen nahe der Untergrenze einer Intensitätsstufe höhere, für die Betriebsgrößen nahe der Obergrenze einer Stufe niedrigere Anteilskosten. Damit ist festzustellen: Die absolut festen Kosten bleiben in ihrer Gesamtheit innerhalb einer Intensitätsstufe wohl unverändert, sie vermindern sich aber als Anteilkosten für die auf einer Intensitätsstufe möglichen Betriebsgrößen von der Untergrenze bis zur Obergrenze der Stufe.

Steigen die Verkehrsmengen so stark, daß sie mit den vorhandenen Betriebsanlagen nicht mehr bewältigt werden können und eine Erweiterung der Anlagen notwendig machen, so entstehen auch neue (zusätzliche) absolut feste Kosten. Dies kennzeichnet den Übergang auf eine höhere Intensitätsstufe. Die absolut festen Kosten sind hier meist so beträchtlich höher, daß sie, auf die innerhalb der neuen Stufe möglichen Betriebsgrößen verteilt, als Anteilkosten nahe der Untergrenze der neuen Stufe höher sind als nahe der Obergrenze der alten Stufe. Sie vermindern sich aber wieder als Anteilkosten von der Untergrenze bis zur Obergrenze der neuen Intensitätsstufe und unterschreiten früher oder später die Anteilkosten der zurückliegenden Obergrenze, also der niedrigsten Kosten der vorhergehenden Stufe. Wird ein Betrieb nur in unbeträchtlichem Umfange vergrößert, so daß sich die absolut festen Kosten in ihrer Gesamtheit nur verhältnismäßig wenig erhöhen, so kann sich als Anteilkosten schon an der Untergrenze der neuen Intensitätsstufe ein geringerer Aufwand als an der Obergrenze der vorangegangenen Stufe ergeben. Dieser Fall wird aber praktisch kaum eintreten, weil, wenn schon die Betriebsanlagen erweitert werden, dies in solchem Umfange geschieht, daß weitere Verkehrssteigerungen bis zu einem erheblichen Ausmaß bewältigt werden können. Eine solche Betriebserweiterung verursacht aber so beträchtliche Kosten, daß auch die Anteilkosten an der neuen Untergrenze höher sind als die an der alten Obergrenze. — Damit kommen wir zu dem zweiten Satz: Die absolut festen Kosten sind auch als Anteilkosten zu Beginn jeder höheren Intensitätsstufe größer als am Ende der vorangegangenen Stufe, vermindern sich aber auf der neuen Stufe wieder mit zunehmender Betriebsgröße und erreichen früher oder später eine geringere Höhe als an der Obergrenze der vorangegangenen Stufe.

---

[1] Siehe auch Sax: Allgemeine Verkehrslehre S. 79—82.

Verursacht eine Betriebserweiterung einen so großen Aufwand, daß die absolut festen Kosten als Anteilkosten auf der neuen Intensitätsstufe stets höher als auf der vorherliegenden sind, so ist auf der vorhergehenden Stufe das „absolut wirtschaftliche Intensitätsmaximum[1]" erreicht worden, sofern sich auch nicht auf noch höheren Stufen ein relativ niedrigerer Kostensatz ergeben sollte. Die Anteilkosten vermindern sich wohl wieder auf der neuen Stufe von der Untergrenze bis zur Obergrenze, sie übersteigen aber jeweils die Kostenhöhe auf der vorhergehenden und damit wirtschaftlichsten Stufe. Dies kann zu einer Erhöhung der Beförderungspreise, einer Verminderung der Verkehrsleistungsmengen und damit zu einer Einstellung der Verkehrsstärke auf eine Unterstufe der vorangegangenen •Intensitätsstufe führen. Damit kommen wir zu dem dritten Satz: Sind die absolut festen Kosten als Anteilkosten auf einer Intensitätsstufe und auf allen folgenden stets höher als auf einer vorangegangenen Stufe, so ist das absolut wirtschaftliche Intensitätsmaximum erreicht worden.

Eine wirtschaftliche Betriebsführung muß stets bedacht sein, daß das bis zur Obergrenze einer Intensitätsstufe, dem „relativen Intensitätsmaximum", bestehende ungenutzte Leistungsvermögen eines Betriebes möglichst klein gehalten wird. Ungenutztes Leistungsvermögen ist Brachland, das so rasch wie tunlich fruchtbar gemacht werden sollte. In diesem Sinne wäre der wirtschaftlichste Betrieb jener, dessen Beschäftigungsgrad die höchste und zugleich wirtschaftlichste Intensitätsstufe und auf dieser die Obergrenze der Leistungsfähigkeit, das absolut wirtschaftliche Intensitätsmaximum erreicht hat.

Die relativ festen Kosten umfassen die Aufwendungen, die nur für eine bestimmte Betriebsgröße oder bestimmte Unterstufe einer Intensitätsstufe fest sind. Diese Gruppe fester Kosten hat gegen die beweglichen Aufwendungen eine schwer festzulegende Grenze. Es kann hier, wie früher schon allgemein darauf hingewiesen wurde, nur in jedem einzelnen Fall festgestellt werden, ob es sich um relativ feste oder um bewegliche Kosten handelt. Im allgemeinen sind die Aufwendungen für Verzinsung, Versicherung und für die Steuern der Fahrzeuge (soweit letztere in Pauschalbeträgen wie die Kraftfahrzeugsteuer zu entrichten sind), ferner die Aufwendungen für Gehälter und Löhne der Betriebsbeamten relativ feste Kosten. Der Tilgungsaufwand für Fahrzeuge, ferner Aufwendungen wie die Besoldung von Kraftwagen- und Flugzeugführern, können in einem Betrieb relativ feste, in einem anderen

---

[1] Dem „absolut wirtschaftlichen Intensitätsmaximum" steht das technische gegenüber, dessen Grenzen aber meist in weiter Ferne liegen. Das technische Intensitätsmaximum wird erreicht, wenn naturgegebene Bedingungen, wie Platzmangel, eine Erweiterung der Anlagen und eine Steigerung der Leistungsfähigkeit des Betriebes verhindern.

bewegliche Kosten sein. In großen Betrieben mit guter Verwendungsmöglichkeit der Fahrzeugführer und Fahrzeuge sind diese Aufwendungen, wie vermerkt, meist bewegliche und in kleinen Betrieben mit schlechter Verwendungsmöglichkeit der Fahrzeugführer und Fahrzeuge meist relativ feste Kosten.

Die „relativ festen Kosten" verändern sich mit der Betriebsgröße. Wird die Betriebsgröße durch die Zahl der Fahrzeuge gekennzeichnet, so verändern sie sich mit dem Bestand oder gar im Verhältnis zum Bestand an Fahrzeugen, weil sie für jedes Fahrzeug gesondert erwachsen und in manchen Betrieben nur in den genannten Aufwendungen für Fahrzeuge und Betriebsbeamte bestehen. Sind die absolut festen Kosten bedeutsamer in stark kapitalintensiven Betrieben wie Eisenbahn- und Schiffahrtsgesellschaften, so sind die relativ festen Kosten bedeutsamer in Betrieben mit hohen in Fahrzeugen angelegten Kapitalbeträgen wie bei Kraft- und Luftverkehrsbetrieben. Je größer der Anteil der relativ festen Kosten und je kleiner der der absolut festen an den „gesamt festen Kosten", desto leichter kann ein Betrieb der jeweiligen Verkehrsstärke angepaßt und desto eher eine Wirtschaftlichkeit erreicht werden.

Die „gesamt festen Kosten" sind für die einzelnen Betriebsgrößen

Tabelle 2. Bewegung absolut, relativ und gesamt fester Kosten eines Kraftverkehrsbetriebes innerhalb zweier Intensitätsstufen.

Betriebsgröße Zahl der Fahrzeuge	Absolut feste Kosten	Relativ feste Kosten	Gesamt feste Kosten	Absolut feste Kosten	Relativ feste Kosten	Gesamt feste Kosten
	für die Betriebsgröße			für ein Fahrzeug		
Intensitätsstufe A: 3—10 Fahrzeuge						
3	25 000	18 000	43 000	8333	6000	14 333
4	25 000	24 000	49 000	6250	6000	12 250
5	25 000	30 000	55 000	5000	6000	11 000
6	25 000	36 000	61 000	4167	6000	10 167
7	25 000	42 000	67 000	3571	6000	9 571
8	25 000	48 000	73 000	3125	6000	9 125
9	25 000	54 000	79 000	2777	6000	8 777
10	25 000	60 000	85 000	2500	6000	8 500
Intensitätsstufe B: 11—20 Fahrzeuge						
11	40 000	66 000	106 000	3636	6000	9 636
12	40 000	72 000	112 000	3333	6000	9 333
13	40 000	78 000	118 000	3077	6000	9 077
14	40 000	84 000	124 000	2857	6000	8 857
15	40 000	90 000	130 000	2666	6000	8 666
16	40 000	96 000	136 000	2500	6000	8 500
17	40 000	102 000	142 000	2353	6000	8 353
18	40 000	108 000	138 000	2222	6000	8 222
19	40 000	114 000	154 000	2105	6000	8 105
20	40 000	120 000	160 000	2000	6000	8 000

fest, verändern sich aber mit der Betriebsgröße durch die Zunahme und Abnahme der relativ festen Aufwendungen. Beim Übergang von einer Intensitätsstufe auf eine höhere schnellen sie plötzlich durch die auf dieser Stufe größeren absolut festen Kosten empor, wachsen dann aber wieder mit der Betriebsgröße bis zur Obergrenze der neuen Stufe. Auf ein Fahrzeug verteilt, vermindern sich die gesamt festen Kosten mit der Betriebsgröße von der Untergrenze bis zur Obergrenze einer Intensitätsstufe, auf der folgenden Stufe sind sie durch die Steigerung der absolut festen Kosten zunächst höher als an der Obergrenze der vorangegangenen Stufe, fallen dann aber im Emporsteigen der neuen Stufe wieder mehr und mehr ab und unterschreiten früher oder später die Höhe der Obergrenze der vorangegangenen Stufe.

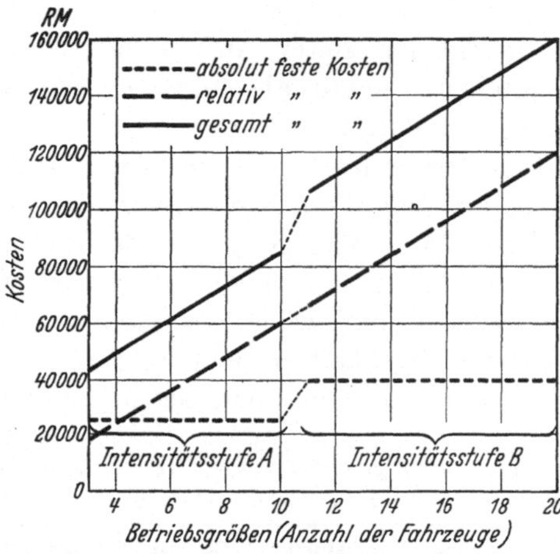

Abb. 2. Bewegung absolut, relativ und gesamt fester Kosten innerhalb zweier Intensitätsstufen für eine Anzahl Betriebsgrößen eines Kraftverkehrsbetriebes.

Die Bewegung absolut, relativ und gesamt fester Kosten auf zwei Intensitätsstufen ist in der Tab. 2 und in der Abb. 2 dargestellt. In der Tabelle und in der Abbildung ist besonders das Emporschnellen der absolut und gesamt festen Kosten beim Übergang von der Intensitätsstufe A auf die Stufe B bemerkenswert. Die relativ festen Kosten nehmen, da sie von Betriebsgröße zu Betriebsgröße als gleichmäßig steigend angenommen wurden, auch einen gleichmäßigen Verlauf; sie sind infolgedessen als Anteilkosten für ein Fahrzeug stets gleich hoch. Im übrigen bewegen sich die Kosten entsprechend vorstehender Erörterung.

4. Das Beziehungsverhältnis zwischen der Nachfrage nach Gütern und der Nachfrage nach Verkehrsleistungen und zwischen dem Wert der Güter und dem Wert der Verkehrsleistungen.

Eine Besonderheit des Verkehrswesens liegt in der Nachfrage nach den Leistungen der Verkehrsbetriebe. Diese Nachfrage ist nur mittelbarer Art. Während die Nachfrage nach Gütern aus unmittelbaren Bedürfnissen der Menschen entsteht, ergibt sich eine Nachfrage nach Leistungen der Verkehrsbetriebe nur auf Grund der Bedürfnisse der Menschen nach Gütern. Kein Gut wird des Transportes wegen, sondern nur deshalb befördert, weil es am Bestimmungsort gebraucht oder verbraucht, also nachgefragt wird. Die Nachfrage nach Verkehrsleistungen ist deshalb von der Nachfrage nach Gütern abhängig. Sie ist um so stärker, je mehr Güter und um so schwächer, je weniger Güter zur Beförderung drängen.

In der Nachfrage nach Verkehrsleistungen gibt es auch eine sog. Elastizität. Die Nachfrage ist elastisch, wenn eine kleine Preissenkung sie stark steigert oder eine kleine Preiserhöhung sie bedeutend vermindert; sie ist unelastisch, wenn bei einer Preissenkung oder Preiserhöhung nur geringe Schwankungen eintreten. Im Güterverkehr ist die Elastizität der Nachfrage von dem Ausmaße geänderter Beförderungspreise und von dem Verhältnis der Höhe der Beförderungspreise zu dem der Güterpreise abhängig. Bei stark mit Frachtkosten belasteten Gütern besteht eine größere Elastizität ihrer Verkehrsleistungen als bei Verkehrsleistungen für Güter mit geringer Frachtbelastung. Im allgemeinen ist aber die Elastizität von ihrer großen Bedeutung in der liberalistischen Wirtschaft entthront worden, denn sie zeigt sich nur dann deutlich, wenn der Menge der hergestellten Güter, der Zahl der Betriebsleistungen und der Höhe der Preise für die Güter und Verkehrsleistungen keine Schranken gesetzt sind. Werden Menge und Preis der Güter und Verkehrsleistungen vom Menschen auf Grund sozialer Notwendigkeiten begrenzt, so können Schwankungen bedeutenden Ausmaßes nicht eintreten, die als elastisch bezeichnet werden. Früher gab es auch eine starke Elastizität durch die Verhältnisse der Verkehrsmittel untereinander. In jüngster Zeit kann eine solche Elastizität beim gewerblichen Kraftwagenverkehr festgestellt werden, soweit dessen Betriebe noch ungeregelt sind und nach Belieben Verkehrsleistungen anbieten können. In den Ländern, die diesen Verkehr durch gesetzliche Bestimmungen geregelt haben, ist dies aber nicht mehr möglich, wodurch auch von dieser Seite aus die Elastizität gelähmt worden ist.

Höchst bedeutsam und besonders wesenseigen für die Preisbildung der Verkehrsleistungen im Güterverkehr sind die von der Wertbildung der Güter ausgehenden und auf den Wert der Verkehrsleistungen übergehenden Kräfte. In dieser Erscheinung liegt die Keimzelle der unterschiedlichen Preisbildung im Verkehrswesen. Die gegenseitige Bedingtheit der beiden Nachfragen bringt den Wert der Verkehrsleistungen und den der Güter in ein bestimmtes Beziehungsverhältnis. Der Wert der Güter wird sozusagen auf die für diese Güter nachgefragten Verkehrsleistungen übertragen. Der Wert der Güter kann sich ja nur bilden, wenn diese in den volkswirtschaftlichen Kreislauf übergehen; dies ist aber nur mittels Verkehrsleistungen möglich. Güter, die an ihrem Erzeugungsort verbleiben, erhalten keinen volkswirtschaftlichen Wert. Obst wird beispielsweise erst dann volkswirtschaftlich wertvoll, wenn es in die volkswirtschaftliche Sphäre übergeht. Vom Besitzer eines Gartens geerntetes und verbrauchtes Obst erhält im volkswirtschaftlichen Sinne keinen Wert. Auch eine Beförderungsleistung bekommt erst dann einen Wert, wenn sie in der volkswirtschaftlichen Sphäre beansprucht wird. Das Fahren im eigenen Fahrzeug ist volkswirtschaftlich belanglos. Wird aber ein Dritter gegen ein Entgelt befördert, so entsteht ein Wert von volkswirtschaftlicher Bedeutung. Eine Wertbildung der Güter setzt also ihr Eingehen in den volkswirtschaftlichen Kreislauf, d. h. eine Beförderung voraus. Werte für Güter und Werte für Verkehrsleistungen können deshalb nur in Verbindung miteinander entstehen. Wird ein Gut besonders wertgeschätzt, so trifft dies auch meist auf die für das Gut notwendige Verkehrsleistung zu. Wird ein Gut wenig gewertet, so wird auch meist seine Verkehrsleistung wenig gewertet. Die Verkehrsleistung ist artgleich dem zu ihr gehörenden Gut, ja sie kann als dem Gut zugehörig, als ein Teil des Gutes angesehen werden. Sie erhält dadurch die Werteigenschaften des Gutes. Hieraus ergibt sich cum grano salis: Je wertvoller ein Gut, desto wertvoller ist auch die für dieses Gut notwendige Verkehrsleistung. Hochwertige Güter lassen hochwertige Verkehrsleistungen entstehen, geringwertige Güter geringwertige Verkehrsleistungen.[1]

Zwischen dem Wert der Güter und dem Wert der Verkehrsleistungen besteht naturgemäß keine rechnerisch genaue Wertbeziehung. Entspricht einem Gut mit einem Wert von 1000 Geldeinheiten in einer bestimmten Verkehrsbeziehung eine Beförderungsleistung mit einem Wert von 10 Geldeinheiten, also ein Wertverhältnis von 100:1, so kann dieses Verhältnis für andere Güter und für andere Verkehrsleistungen mehr oder weniger von jenem abweichen. Die Menschen, die doch den Wert der Güter und den Wert der Verkehrsleistungen bestimmen, können und müssen u. U. einen auch verhältnismäßig vom Güterwert abweichenden Verkehrsleistungswert festsetzen; dies ist besonders dann der Fall, wenn die Aufwendungen für bestimmte Verkehrsleistungen eine besondere Höhe haben. Güter- und Verkehrsleistungswert können deshalb auch verhältnismäßig weit voneinander abweichen. Einem hochwertigen Gut kann a posteriori eine geringwertige Verkehrsleistung und einem geringwertigen Gut eine hochwertige Verkehrsleistung gegenüberstehen. Im allgemeinen besteht aber die umschriebene Wertbeziehung zwischen den Gütern und ihren Verkehrsleistungen.

5. Die Preisstaffelung im Verkehrswesen.

Das Beziehungsverhältnis zwischen Güter- und Verkehrsleistungswert wäre ohne praktische Bedeutung, würde es nicht bei der Gestaltung der

---

[1] Dabei wird vorausgesetzt, daß der Wert der Güter richtig gebildet worden ist.

Beförderungspreise zugrunde gelegt werden. Nachfolgende Untersuchungen lassen erkennen, daß betriebs- wie volkswirtschaftlich unterschiedliche Preise für die Verkehrsleistungen notwendig sind, daß unterschiedliche Beförderungspreise im Durchschnitt niedriger sind als ein einheitlicher Preis für alle Leistungen und daß die Leistungsmenge bei Erstellung unterschiedlicher Beförderungspreise gegenüber einem einheitlichen Preis für alle Verkehrsakte gesteigert werden kann. Dabei sind der durch den unterschiedlichen Wert der Güter gegebene unterschiedliche Wert der Verkehrsleistungen und die Möglichkeit der unterschiedlichen Aufteilung der festen Kosten auf die einzelnen Verkehrsakte von grundlegender Bedeutung.

Die festen Kosten eines Betriebes können in der Weise verteilt werden, daß den hochwertigen Verkehrsleistungen ein größerer Anteil, den geringwertigen ein kleinerer Anteil fester Kosten, als dem Durchschnittsanteil entspricht, zugewiesen wird, so daß sich für die hochwertigen Verkehrsleistungen überdurchschnittliche, für die geringwertigen unterdurchschnittliche Preise bilden können und müssen. Die beweglichen Kosten werden also je nach dem Verlangen betriebsökonomischer und, wie später noch gezeigt werden wird, volkswirtschaftlicher Preispolitik um einen unter- oder überdurchschnittlichen Anteil fester Kosten vermehrt, wobei alle Verkehrsleistungen mindestens so stark zu belasten sind, daß die Gesamteinnahmen die Gesamtkosten aufwiegen.

Im allgemeinen muß bei der Preisbildung für die Verkehrsleistungen von der Aufbringung der beweglichen Kosten ausgegangen werden. Kann in den Preis außerdem noch ein Anteil, wenn auch ein geringer, fester Kosten eingehen, so ist es meist wirtschaftlicher, einen Preis zu fordern, der die beweglichen Kosten, vermehrt um einen verhältnismäßig geringen (unterdurchschnittlichen) Anteil der festen Kosten, deckt, als die entsprechenden Verkehrsleistungen überhaupt nicht auszuführen, oder mit anderen Worten: Es ist immer noch besser, auf einen Teil der festen Kosten zu verzichten als den ganzen Anteil zu verlieren, weil feste Kosten auch erwachsen, wenn keine Verkehrsleistungen ausgeführt werden. Dieses Preisprinzip darf natürlich nicht mechanisch auf jeden erzielbaren Verkehrsakt angewendet werden. Es liegt nahe, daß die Verkehrskunden mit diesem Argument möglichst niedrige Beförderungspreise zu erlangen versuchen. Die Verkehrsunternehmer können natürlich nicht die Mehrzahl der Verkehrsakte nur mit unterdurchschnittlichen Kosten belasten, da sonst über ihr Sein bald entschieden wäre.

Werden vorstehender Betrachtung die in Tab. 1 genannten Kosten zugrunde gelegt, so könnte bei einer jährlichen Betriebsleistung von 50 000 Fahrzeugkilometern, bei der die gesamten Kosten eine Höhe von 37 Reichspfennig für ein Fahrzeugkilometer haben, für diese Einheit ein Preis von 24 Reichspfennig gebildet werden, weil die beweglichen

Kosten 23 Reichspfennig betragen. Ein solcher Verkehrsakt würde also nur mit einem Reichspfennig an der Tilgung der festen Kosten teilnehmen und von den 14 Reichspfennig hohen festen Kosten 13 Reichspfennig einem zweiten Verkehrsakt überlassen. Auf diesen Fall begrenzt müßte der zweite Verkehrsakt nicht nur die gesamten Kosten in Höhe von 37 Reichspfennig für ein Fahrzeugkilometer, sondern auch die bei dem ersten Verkehrsakt nicht gedeckten festen Kosten in Höhe von 13 Reichspfennig aufbringen, also einen Beförderungspreis von mindestens 50 Reichspfennig erhalten.

Es darf aber nicht einfach gefolgert werden, daß, wenn ein Verkehrsakt um x Reichspfennig zu wenig, ein zweiter um x Reichspfennig mehr belastet werden muß. Die schwächere Belastung von Verkehrsakten für geringwertige Güter hat zur Folge, daß sich eine große Anzahl solcher Verkehrsakte dem Verkehrsumfang hinzugesellen, die bei einer stärkeren Belastung überhaupt nicht auftreten würden. Jede Zunahme des Verkehrsumfanges bei gleicher Betriebsgröße bewirkt aber, daß sich für alle Verkehrsleistungen der durchschnittliche Anteil der festen Kosten vermindert. Dies ermöglicht eine noch schwächere Belastung der geringwertigen Leistungen oder der Leistungen für hochwertige Güter, als es bei anderer Kostenverteilung der Fall wäre. Andererseits führt eine stärkere Belastung der Verkehrsakte für hochwertige Güter zu einer Verminderung solcher Leistungen, die aber im gesamten weit kleiner ist als die Ausdehnung der geringwertigen Leistungen bei schwacher Belastung, weil immer eine vielfach größere Menge Massengüter, also geringwertige Güter, als hochwertige Güter im volkswirtschaftlichen Kreislauf zur Beförderung drängen.

Die geringwertigen Verkehrsleistungen ermöglichen trotz ihrer schwächeren anteilmäßigen Belastung mit festen Kosten, daß die hochwertigen Leistungen nicht noch stärker als geschehen und notwendig mit solchen Kosten belastet werden müssen. Dies ist, wie vermerkt, auf das Vorhandensein der großen Mengen geringwertiger Güter (Verkehrsleistungen) zurückzuführen, die trotz ihrer anteilmäßigen schwächeren Belastung insgesamt einen größeren Betrag fester Kosten als die hochwertigen Güter (Leistungen) aufbringen. Wird dieser Sachverhalt auf die Frachteinnahmen abgestellt, so würde bei einem gleich hohen Beförderungspreis für alle Verkehrsleistungen eine solch große Zahl Leistungen ausfallen, daß an Gesamteinnahmen ein geringerer Betrag erzielt würde als bei gestaffelten Beförderungspreisen.

Der vorstehende Sachverhalt wird durch die Beförderungsmengen und Beförderungseinnahmen der Verkehrsbetriebe bei unterschiedlicher Preisbildung bestätigt. In der Abb. 3 ist der verhältnismäßige Mengen- und Einnahmeanteil der Güter der Klassen A—G der Deutschen Reichsbahn an der gesamten Menge und den gesamten Einnahmen dieser Güter

im Jahre 1934 aufgeführt. Die Abbildung läßt erkennen, daß der Mengenanteil der Güter der Klassen A—D geringer als ihr Einnahmeanteil ist
und umgekehrt, daß der Mengenanteil der Güter der Klassen E—G
größer als ihr Einnahmeanteil ist. Die Güter der Klassen A—D haben
insgesamt einen Mengenanteil von 29,1% und einen Einnahmeanteil von
53,1%. Ihr Einnahmeanteil ist also nahezu nochmal so groß als ihr Mengenanteil. Andererseits haben die Güter der Klassen E—G einen Mengenanteil von 70,9% und einen Einnahmeanteil von 46,9%. Den vorangegangenen theoretischen Ausführungen entsprechend würde bei einer schwächeren Belastung der Güter der Klassen A—D mit festen Kosten, also bei
Erstellung niedrigerer Frachtsätze für diese Klassen zweifelsohne ihre Be-

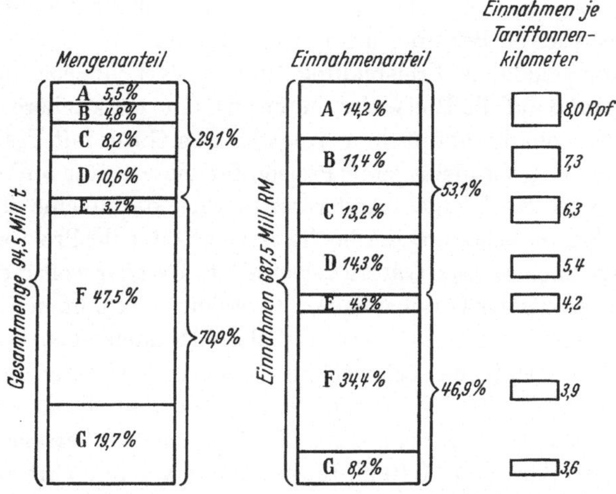

Abb. 3. Verhältnismäßiger Mengen- und Einnahmenanteil der Güter der Klassen *A—G*
der Deutschen Reichsbahn im Jahre 1934[1].

förderungsmenge etwas zunehmen, wobei aber, wenn diese Zunahme nicht
bedeutend wäre, die früheren Gesamteinnahmen nicht erreicht werden würden. Bei einer stärkeren Belastung der Güter der Klassen E—G mit festen
Kosten, also bei Erstellung von höheren Frachtsätzen für diese Klassen,
würde unweigerlich ihr Mengenanteil sinken und ihr Einnahmeanteil für
eine Leistung wohl steigen, durch den Mengenausfall aber insgesamt
voraussichtlich nicht die früheren Gesamteinnahmen erreichen. Je mehr
die Frachtsätze der Klassen E—G erhöht würden, um so größer wäre
ihr Mengenausfall. Die gesamten Einnahmen würden wohl bei einer
gewissen Frachtsatzhöhe nicht mehr zurückgehen, weil die Verkehrsleistungsmenge durch den Bedarf an Gütern einen gewissen Umfang nicht
unterschreiten würde. Das dadurch entstehende Spannungsverhältnis
würde zu schweren volkswirtschaftlichen Störungen führen. Die höhere

---

[1] Vgl. Couvé: Die Eisenbahn-Güterabfertigung, II. Teil, S. 55.

Belastung der geringwertigen Güter würde Verlagerungen im Standort der Betriebe, in der Nachfrage nach verschiedenen Gütern, in der Wirtschaftlichkeit der Betriebe und in vielen anderen Erscheinungen herbeiführen. Da dies betriebsökonomisch nicht notwendig ist, kann um so eher im volkswirtschaftlichen Sinne verlangt werden, daß die geringwertigen Güter nicht zu stark belastet werden.

Mit der Steigerung der Verkehrsleistungsmenge durch die Preisstaffelung wird, wie dem Gesetz der abnehmenden Kosten zu entnehmen ist, der verhältnismäßige Anteil jeder einzelnen Verkehrsleistung an den gesamt festen Kosten absolut vermindert. Wirkt sich die unterschiedliche Preisbildung in allgemein niedrigeren Preisen für Verkehrsleistungen aus, so läßt sich hieraus schon jetzt die große volkswirtschaftliche Bedeutung gestaffelter Beförderungspreise erkennen.

Die unterschiedliche Preisbildung für die Verkehrsleistungen wirkt sich naturgemäß auf die Preise der Güter aus. Die schwächere Belastung der Rohstoffe wie überhaupt der geringwertigen Güter mit Frachtkosten eröffnet einen Weg zu niedrigeren Preisen für diese Güter und damit zur Steigerung ihrer Nachfrage. Andererseits wird durch eine überdurchschnittliche Kostenbelastung der hochwertigen Güter ihr Preis erhöht und die Nachfrage nach solchen Gütern vermindert. Da aber weit mehr geringwertige als hochwertige Güter umgesetzt werden, so erhöht sich hierdurch die Gesamtnachfrage nach Gütern und deshalb auch nach Verkehrsleistungen. Bei der Deutschen Reichsbahn wurden in den letzten Jahren etwa 90% ihrer Transportgüter zu niedrigeren Frachtsätzen als die der Klasse C befördert. Angenommen, bei gleicher Gewichtsmenge betrage der Preis für ein hochwertiges Gut H 1000, für ein geringwertiges Gut G 30 Geldeinheiten, und die Selbstkosten für den Transport von je einer Tonne dieser Güter wären in einer bestimmten Verkehrsbeziehung 10 und ihr Beförderungspreis 12 Geldeinheiten. Könnte nun z. B. ein Beförderungspreis von 6 Geldeinheiten für G und einer von 20 für H erstellt werden, so würde die Versandfähigkeit für G im Vergleich zu dem einheitlichen Beförderungspreis für G und H in Höhe von 12 Geldeinheiten stark erweitert, die für H wenig eingeengt werden. Wirkt sich eine solche Preisstellung unter Annahme einer Preisbeeinflussung im Ausmaß der gesenkten und erhöhten Frachtsätze auf den Preis der Güter aus, so dürfte der Absatz für G (und deren Verkehrsleistungen) wuchtig vermehrt, der für H (und deren Verkehrsleistungen) kaum vermindert werden, weil die Käufer für G stark zunehmen, für H wenig abnehmen würden. Als Ergebnis wäre eine bedeutend erhöhte Gesamtnachfrage nach Gütern und deren Verkehrsleistungen festzustellen, weil sich der Markt für G weit mehr ausbreiten, als der für H verengen würde. Damit würden sich wiederum die festen und gesamten Kosten für eine Verkehrsleistung ermäßigen. Außerdem würde eine Absatzerweiterung des geringwertigen Gutes (sofern die Industrie, die dieses Gut erzeugt, dem Gesetz der abnehmenden Kosten unterliegt) seine Produktionskosten und seinen Preis verbilligen, und zwar relativ auch weit mehr als die mit einer Absatzverengung des hochwertigen Gutes verbundene Erhöhung seiner Produktionskosten und seines Preises. Es ist also offensichtlich, daß die unterschiedliche Preisstellung von großem betriebs- und volkswirtschaftlichen Vorteil ist. Entstand die Preisstaffelung ursprünglich aus betriebsökonomischen Erwägungen, so entsprach dies doch gleichzeitig einem höheren, d. h. gemeinwirtschaftlichen Sinn. Spricht man heute soviel von gemeinwirtschaftlichen Tarifsystemen, so sollte man dabei den betriebsökonomischen Einfluß nicht unberücksichtigt lassen. Das gemeinwirtschaftliche Handeln in der Vergangenheit entsprach weniger einem bestimmten Willen als einer glücklichen Verbindung betriebsökonomischer Erwägungen und gemeinwirtschaftlicher Notwendigkeiten.

6. Preisbildung von Verkehrsleistungen für verschiedene Gütergruppen.

Die enge Beziehung zwischen dem Wert der Güter und dem Wert der Verkehrsleistungen und die Möglichkeit einer unterschiedlichen Aufteilung der festen Kosten eines Betriebes veranlaßte nahezu alle Verkehrsbetriebe, ihre Beförderungspreise in der geschilderten Weise abzustufen. Inwieweit dies in gesunder Weise gemacht wird, hängt von der Einsicht in das Wesen der Preisbildung ab. Es steht zweifelsohne fest, daß, je mehr es gelingt, aus den erörterten Grundlagen richtige Preise abzuleiten, desto größer sind die betriebsökonomischen und volkswirtschaftlichen Vorteile. Man hört so häufig, die Bildung von Preisen sei mehr eine Kunst als eine Wissenschaft. Dies ist insofern richtig, als man mit abstraktem wissenschaftlichen Denken nicht in das vollsprühende Leben der Preise einzudringen vermag. Von der Preisbildung als von einer Kunst zu sprechen, ist aber nur dann richtig, wenn nicht instinktive, unterbewußte, sondern bewußte Kräfte am Werke sind. Kunst ist Wissenschaft und Wissenschaft ist Kunst, wenn beide lebendig und bewußt gepflegt werden.

Es war und ist natürlich nicht möglich, unterschiedliche Beförderungspreise jeweils für die einzelnen Verkehrsleistungen wie Preise für die unzählig verschiedenartigen Güter zu bilden. Es müssen die Verkehrsleistungen, d. h. die Güter für die Verkehrsleistungen in Gruppen oder Klassen zusammengefaßt werden, wobei die Güter, deren Verkehrsleistungswerte nicht zu weit voneinander abweichen, in einer Klasse zu vereinigen sind. Auf diese Weise entstehen die Güterklassen. Die Zahl der Klassen ist durch die Erfordernisse der Praxis eng begrenzt. Werden zu viele Klassen gebildet, so wird die Anwendung der Tarife erschwert, und die Abfertigung verursacht zu große Aufwendungen. Es dürfen aber auch nicht zu wenig Klassen sein, da sonst der Verschiedenheit der Verkehrsleistungen nicht genügend entsprochen werden kann. Der Verkehrsunternehmer[1], von dem zunächst zu erwarten wäre, daß er auf Grund der nahezu gleichen Höhe der Kosten für alle Verkehrsleistungen nur einen einheitlichen Preis für die Leistungen bilden würde, handelt aus betriebsökonomischen Erwägungen in einem anderen Sinne, wobei er sich hauptsächlich den bestehenden Zusammenhang zwischen dem Wert der Güter und dem Wert der Transportleistungen zunutze macht. Kostenmäßig gesehen hat ein Unternehmer ja den gleichen Aufwand, ob er einen Wagen mit 10 t Erzen oder mit 10 t Maschinen befördert. An Stelle der Bildung eines einheitlichen Preises staffelt der Unternehmer die Preise. Mit solcher Preispolitik vermag er den durch den unterschiedlichen Wert der Güter entstehenden unterschiedlichen Wert der Verkehrsleistungen durch eine entsprechende Kostenverteilung für sich auszuwerten (s. Kap. 5).

Kostenmäßig verschieden ist hingegen, wenn ein Wagen mit 10 t Erzen im Flachland oder im Gebirge, auf guten oder schlechten Fahrbahnen, im Rahmen einer starken oder schwachen Betriebsausnutzung oder in anderen gegensätzlichen Beziehungen befördert wird. Hier drängt von der Kostenseite her das Bedürfnis, die verschieden hohen Kosten in Preisen von unterschiedlicher Höhe zum Ausdruck zu bringen. Ein solches Bedürfnis ist bei einem Verkehr wie dem gewerblichen Güterfernverkehr besonders stark, da dessen Betriebe jeweils kleine wirtschaftliche Einheiten sind, die auf Grund ihres verhältnismäßig engen Wirkungskreises ertragsreiche und ertragsarme Leistungen nicht so leicht wie ein einheitlicher Großbetrieb ausgleichen können. Wo es die verkehrswirtschaftlichen Verhältnisse eines Landes gestatten, ist es nicht nur gerechtfertigt, sondern gesund, wenn derartige Kostenverschiedenheiten in den Beförderungspreisen berücksichtigt werden. In Ländern hingegen, wo gemeinwirtschaftliche Belange einen einheitlichen Aufbau eines Systems von Beförderungspreisen notwendig machen, können solche Kostenverschiedenheiten im allgemeinen nicht in unterschiedliche Beförderungspreise ausmünden.

Es ist nicht Aufgabe dieser Art, die volkswirtschaftlichen Vorteile der unterschiedlichen Preisbildung durch die Erstellung von Tarifklassen im einzelnen aufzuzeigen. Es soll nur allgemein darauf hingewiesen werden, daß durch eine solche Preisbildung die geringwertigen Güter wie Rohstoffe und Massengüter billiger und viele dieser Güter überhaupt erst befördert werden können, und daß solche Preisbildung sich sogar

---

[1] Das gilt natürlich auch, wenn die Beförderungspreise, wie besprochen, gemeinsam durch Erzeuger (Verkehrsunternehmer), Verbraucher (Verfrachter) und Händler (hier u. U. eine übergeordnete Organisation wie der Reichs-Kraftwagen-Betriebsverband) gebildet werden.

günstig auf die Preise dieser Güter auswirkt und eine Steigerung ihres Absatzes fördert. Keine Volkswirtschaft kann deshalb die unterschiedliche Preisbildung, den Klassentarif im Verkehrswesen entbehren. In der unterschiedlichen Preisbildung, im Klassentarif fanden sich rein ökonomische Interessen und höhere volkswirtschaftliche Notwendigkeiten.

Die deutschen Eisenbahnen erstellten von Anfang an Beförderungspreise in unterschiedlicher Höhe. Der Reformtarif vom Jahre 1877 umfaßte vier Wagenladungsklassen, die im Jahre 1928 auf sieben Klassen vermehrt worden sind. Es sind dies die heute noch bestehenden Tarifklassen der Reichsbahn A, B, C, D, E, F, G. Die Abstufung der Frachtsätze von Klasse zu Klasse wird **Güterklassenstaffel** (horizontale Staffel) genannt im Gegensatz zu der später zu besprechenden Abstufung der Frachtsätze von Entfernungsabschnitt zu Entfernungsabschnitt, die als **Entfernungsstaffel** (vertikale Staffel) bezeichnet wird[1]. Die Güterklassenstaffel weist bei einer durchschnittlichen Entfernung von 200 km und einer Verhältniszahl für die oberste Klasse A von 100 seit dem 1. Oktober 1936 folgende Abstufungen auf:

A	B	C	D	E	F	G
100	89,6	76,2	64,4	53,5	43,1	34,2

Auf die durchschnittliche Entfernung von 200 km sind also Güter, die zu der Mittelklasse D gehören, mit rund einem Drittel weniger Fracht belastet als solche, die zu der höchsten Klasse A abgefertigt werden. Güter, die nach der Klasse G tarifieren, sind etwa nur halb so stark wie die der mittleren Klasse D belastet und nur etwa ein Drittel so stark wie die der Klasse A. Das Spannungsverhältnis von Klasse zu Klasse erweitert sich von den oberen nach den unteren Klassen. Es beträgt zwischen den Klassen A und B 10,4%, zwischen B und C 14,9%, zwischen C und D 15,6%, zwischen D und E 16,9%, zwischen E und F 19,5% und zwischen F und G 20,7%. Die Staffelung zwischen den Frachtsätzen der Klassen F und G ist etwa noch einmal so groß wie die zwischen denen der Klassen A und B.

Im Stückgutverkehr gab es bis zum Jahre 1930 ebenfalls zwei Klassen, eine allgemeine und eine ermäßigte Stückgutklasse. Am 1. Juni 1930 wurde die Zweiteilung der Stückgutklasse aufgegeben und eine dreifache Gewichtsabstufung vorgenommen, und zwar für Sendungen von 1—500 kg, 501—1000 kg und über 1000 kg. Die Frachtbelastung in den drei Gewichtsstufen ermäßigt sich verhältnismäßig von Gewichtsstufe zu Gewichtsstufe, was den niedrigeren Kosten für höhere Gewichtsmengen entspricht. Mit einer solchen Gestaltung der Frachtbelastung

---

[1] Die üblichen Bezeichnungen „horizontale und vertikale Staffel" sollten zugunsten der deutlicher sprechenden Begriffe „Güterklassen- und Entfernungsstaffel" aufgegeben werden.

im Stückgutverkehr folgt die Reichsbahn ausschließlich betriebsökonomischen Interessen.

Die praktischen Erfahrungen in der Preisbildung im Verkehrswesen haben bald gezeigt, daß man mit den wenigen Tarifklassen den Bedürfnissen des Wirtschaftslebens nicht genügend Rechnung tragen kann. Einer Vermehrung der Tarifklassen stehen aber, wie vermerkt, praktische Bedenken entgegen; andererseits kann man die mit den Güterklassen verbundene Starrheit nicht beseitigen.. Die Bedeutung verkehrswirtschaftlicher Beziehungen liegt auch mitunter nicht so sehr in der Höhe der Beförderungspreise als in besonderen Bedingungen, unter denen ein Frachtsatz eingeräumt wird. So ging man dazu über, den Klassentarif durch Ausnahmetarife zu verfeinern und weiter zu verästeln, deren Frachtsätze deshalb häufig zwischen und außerhalb denen des Klassen- oder Regeltarifs liegen.

Neben der Verfeinerung des Regeltarifs dienen die Ausnahmetarife vielen anderen, hauptsächlich wirtschafts- und verkehrspolitischen Zwecken. Dies wird außer der Gewährung besonderer Frachtsätze hauptsächlich dadurch zu erreichen versucht, daß man die Beanspruchung der Ausnahmetarife an besondere Bedingungen knüpft. Mit Ausnahmetarifen können u. a. bestimmte Erzeugungs- und Verbrauchsplätze unterstützt werden, indem man von und nach solchen Plätzen besondere Frachtsätze erstellt. Von großer Bedeutung sind die Ausnahmetarife für den Ein-, Aus- und Durchfuhrverkehr über die Seehäfen und die trockene Grenze. Mit den Ausfuhrtarifen kann die Ausfuhr, mit den Einfuhrtarifen die Einfuhr und mit den Durchfuhrtarifen der Wettbewerb gegen fremdländische Verkehrsmittel gefördert werden. Die Seehafenausnahmetarife werden in weitgehendem Maße auch zur Unterstützung der heimischen Seehäfen verwendet. Ausnahmetarife eines Verkehrsmittels können ferner zum Nutzen anderer Verkehrsmittel erstellt werden. Bekannt sind die Umschlagstarife der Deutschen Reichsbahn zur Förderung des Verkehrs auf den deutschen Wasserstraßen. Andererseits werden auch die Ausnahmetarife im Wettbewerb gegen andere Verkehrsmittel verwendet, wie die Kampftarife der Eisenbahnen gegen den Kraftwagenverkehr. Schließlich können mit den Ausnahmetarifen öffentliche und gemeinnützige Zwecke verfolgt werden, so durch die ermäßigte oder frachtfreie Beförderung von Gegenständen von und nach Ausstellungen, für soziale Einrichtungen (Winterhilfswerk) und für ländliche Siedlungen.

Ein wichtiger Faktor in den Anwendungsbedingungen von Ausnahmetarifen ist die Mengenverpflichtung. Viele Ausnahmetarife können nur dann beansprucht werden, wenn sich die Verfrachter verpflichten, monatlich oder jährlich eine bestimmte Mindestmenge aufzuliefern. Auf diese Weise sichert sich der Verkehrsunternehmer eine gewisse Mindesteinnahme; zum anderen können durch die Mengenverpflichtung auch wirtschafts- und verkehrspolitische Ziele verfolgt werden, und zwar derart, daß z. B. durch die Notwendigkeit der Auflieferung einer großen Beförderungsmenge nur ein Teil der Verfrachter in den Genuß besonderer Frachtsätze kommt.

Wird die Ausnahmetarifierung eines Landes weise gehandhabt, so kann die Bedeutung der Ausnahmetarife kaum überschätzt werden; vor allem ist es nur mit ihnen möglich, besonderen Bedürfnissen einer Volksgemeinschaft gerecht zu werden. Ausnahmetarife können aber auch zum Schaden einzelner Wirtschaftszweige und Wirtschaftsbezirke, wie zur Unterdrückung anderer Verkehrsmittel erstellt werden. In diesem Falle wirken sie als zerstörende Werkzeuge gegen die wirtschaftliche und soziale Gliederung eines Landes.

Bei der Deutschen Reichsbahn werden etwa 70% und bei den amerikanischen Eisenbahnen etwa 75% aller Transportmengen zu Ausnahmetarifen befördert. Bei der Reichsbahn gibt es augenblicklich mehr als 600 Ausnahmetarife.

7. Preisbildung von Verkehrsleistungen verschiedener Entfernungsweite.

Den volkswirtschaftlichen Zusammenhängen entsprechend werden Verkehrsleistungen auf kleinere oder größere Entfernungen nachgefragt. Für Transportentfernungen an sich haben die Verfrachter kein Interesse. Verkehrsbeziehungen nach weit entfernten Orten sind für sie nicht schlechthin wertvoller als Verkehrsbeziehungen nach weniger entfernten Orten. Mit der Entfernung erhöhen sich wohl Kosten und Preise der Verkehrsleistungen, was aber nicht besagt, daß Transportleistungen mit der Entfernung auch wertvoller für die Verkehrskunden werden.

Zur Beurteilung der Frage der Preisbildung von Verkehrsleistungen auf die verschiedenen Entfernungsweiten ist die Kostengestaltung auf kürzere oder weitere Entfernungen maßgebend. Die Höhe der Transportkosten ist im allgemeinen von der Entfernung unmittelbar abhängig, und zwar erhöhen sich die Gesamtkosten mit zunehmender Entfernung. Es gibt Verkehrsmittel, deren Kosten im Verhältnis zur Entfernung, und solche, deren Kosten weniger als die Entfernung zunehmen. Stärker als die Entfernung nehmen die Kosten der Verkehrsmittel unter normalen Verhältnissen nicht zu.

Bei der Kostengestaltung in den Verkehrsbeziehungen von kürzerer oder weiterer Entfernung ist zu berücksichtigen, daß auf den Ausgangs- und Zielorten Betriebsanlagen wie Abfertigungsstellen, Verwaltungsgebäude, Werkstätten u. a., wenn auch manchmal ganz einfache, so doch welche vorhanden sind. Es entstehen hierdurch von der Entfernung unabhängige Kosten, die als Abfertigungskosten bezeichnet werden, zu denen auch die Aufwendungen für die Abfertigungstätigkeit gehören. Den Abfertigungskosten stehen die Streckenkosten gegenüber, die durch die Bewegung des Verkehrsmittels von Ort zu Ort erwachsen. Bei Verkehrsmitteln wie Schienenbahnen nehmen die Streckenkosten in geringerem Umfange als die Entfernungen zu, so daß sich auf eine Entfernungseinheit mit zunehmender Transportweite abnehmende Kosten ergeben. Dann gibt es Verkehrsmittel wie Kraftwagen und Flugzeug, deren Streckenkosten sich weitgehend im Verhältnis zur Entfernung bewegen.

Werden die Gesamtkosten eines Verkehrsmittels auf eine Entfernungseinheit aufgeteilt, so ergeben sich für alle Verkehrsmittel mit Betriebsanlagen auf den Ausgangs- und Zielorten mit zunehmender Entfernung abnehmende Kosten. Die abnehmenden Kosten für eine Streckeneinheit mit zunehmender Entfernung veranlaßten die Verkehrsbetriebe, Tarife mit Frachtsätzen zu erstellen, die weniger als die Entfernung zunehmen. Nach solchen Tarifsätzen haben auch naturgemäß die Verfrachter ein starkes Verlangen. Schließlich erfordern auch volkswirtschaftliche Belange, daß solche Frachtsätze gebildet werden.

Die Abfertigungskosten werden durch Abfertigungsgebühren, die Streckenkosten durch Streckensätze ausgeglichen. Tarife, deren Streckensätze auf alle Entfernungen gleich hoch sind, deren Beförderungspreise also im Verhältnis zur Entfernung zunehmen, werden als Entfernungstarife bezeichnet. Es ist dies die älteste Tarifart. Sie wird im Personenverkehr, und zwar in der vereinfachten Form, daß hier überhaupt keine Abfertigungsgebühren eingerechnet werden, verwendet; der Fahrpreis errechnet sich lediglich aus einer Vervielfältigung des Streckensatzes mit den Entfernungseinheiten.

Besondere Bedeutung haben die Staffeltarife bekommen, denen Streckensätze zugrunde liegen, die mit der Entfernung geringer werden und deren Frachtsätze von Entfernungseinheit zu Entfernungseinheit in immer geringerem Umfange zunehmen.

Beim Zonentarif erhöhen sich die Beförderungspreise nicht von Entfernungseinheit zu Entfernungseinheit, sondern sprunghaft von Entfernungsstufe zu Entfernungsstufe. Diese Zunahme kann gleichmäßig oder ungleichmäßig sein. Die Zonentarifierung ist im Personen-, Gepäck-, Postpaket- wie auch im Straßenbahnverkehr gebräuchlich, weniger im Güterverkehr. Die Zonengröße wird begrenzt durch die notwendige Genauigkeit der Beförderungspreise. Zonentarife vereinfachen und verbilligen die Abfertigung.

Der ab 1. Oktober 1936 geltende Deutsche Eisenbahn-Gütertarif ist ein Staffelzonentarif. Seine Streckensätze, ja selbst seine Abfertigungsgebühren vermindern sich mit der Entfernung, und seine Frachtsätze

Tabelle 3. Streckensätze der Deutschen Reichsbahn im Stückgut-
und Wagenladungsverkehr für ein Tonnenkilometer in Reichspfennig, gültig ab 1. Oktober 1936

Entfernung	Stückgut Gewichtsstufen			Wagenladungen. Klasse						
	1—500	501—1000	über 1000	A	B	C	D	E	F	G
km	kg	kg	kg							
1—100	17,0	15,1	13,3	9,6	8,6	7,2	6,0	4,9	3,87	2,98
101—200	15,3	13,6	12,0	8,6	7,7	6,5	5,4	4,4	3,48	2,68
201—300	13,6	12,1	10,6	7,7	6,9	5,7	4,8	3,9	3,10	2,39
301—400	11,9	10,5	9,3	6,7	6,0	5,1	4,2	3,5	2,71	2,08
401—500	10,2	9,1	8,0	5,8	6,2	4,3	3,6	2,9	2,32	1,79
501—600	8,5	7,6	6,7	4,8	4,3	3,6	3,0	2,5	1,94	1,49
601—700	6,8	6,0	5,3	3,8	3,4	2,9	2,4	1,9	1,54	1,19
701—800	5,1	4,5	4,0	2,9	2,6	2,1	1,8	1,5	1,16	0,90
801—900	3,4	3,0	2,6	1,9	1,7	1,5	1,2	1,0	0,78	0,59
über 900	1,7	1,6	1,4	1,0	0,9	0,7	0,6	0,5	0,39	0,30

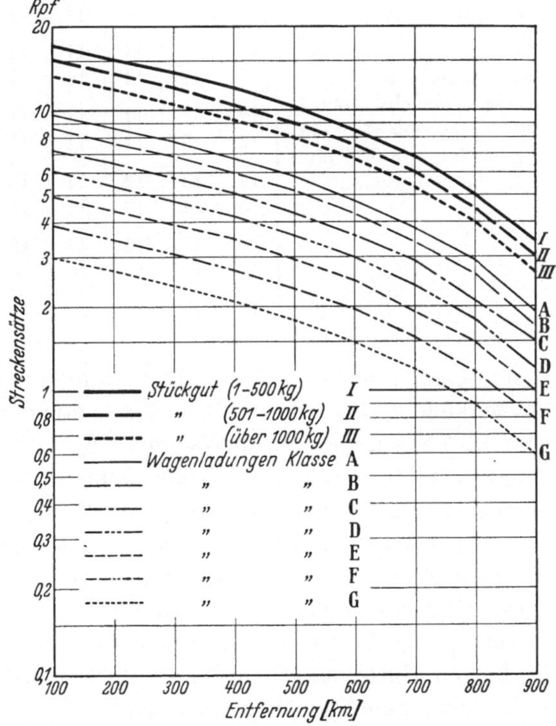

Abb. 4. Streckensätze der Deutschen Reichsbahn im Stückgut- und Wagenladungsverkehr
für ein Tonnenkilometer in Reichspfennig, gültig ab 1. Oktober 1936.

sind innerhalb kleiner Zonen gleich hoch. In der Tab. 3 und Abb. 4
sind die Streckensätze dieses Tarifs für ein Tonnenkilometer verzeichnet.

Die Streckensätze betragen für Stückgut und Wagenladungen auf Entfernungen von über 900 km etwa ein Zehntel, bei Entfernungen von 501—600 km etwa die Hälfte der Streckensätze der ersten Stufe von 1—100 km. Sie nehmen von 100 zu 100 km jeweils um ein Zehntel der Sätze der ersten Stufe von 1—100 km ab. Die Gesamtstreckenfracht wird durch Vervielfältigung der auf den einzelnen Stufen geltenden Streckensätze mit der Kilometerzahl und durch Zusammenrechnung der einzelnen Streckenfrachten ermittelt.

Tabelle 4. Abfertigungsgebühren der Deutschen Reichsbahn im Stückgut- und Wagenladungsverkehr für 100 kg in Reichspfennig.

| Ent-fernung | Stückgut Gewichtsstufen | | | Wagenladungen Klasse | | | | | | |
km	1—500 kg	501—1000 kg	über 1000 kg	A	B	C	D	E	F	G
1— 10	33	33	33	11	11	11	11	11	11	11
11— 20	für alle Entfernungen			11	11	11	11	11	11	11
21— 30				11	11	11	11	11	11	11
31— 40	Für Sendungen im fracht-pflichtigen Gewicht von 1			11	11	11	11	11	11	11
41— 50	bis 1000 kg ist außerdem ein			12	11	11	11	11	11	11
51— 60	fester Zuschlag von 36 Rpfg.			13	12	11	11	11	11	11
61— 70	je Sendung einzurechnen.			14	13	12	11	11	11	11
71— 80				15	14	13	12	11	11	11
81— 90				16	15	14	13	12	11	11
91—100				17	16	15	14	13	12	11
über 100				18	17	16	15	14	13	12

Die Abfertigungsgebühren des Deutschen Eisenbahn-Gütertarifs vom 1. Oktober 1936 verändern sich, wie der Tab. 4 zu entnehmen ist, nur auf Entfernungen bis 100 km und nur im Wagenladungsverkehr. In den Anfangsentfernungen sind sie auch im Wagenladungsverkehr gleich hoch; sie erhöhen sich dann in den einzelnen Klassen, und zwar in den oberen mehr als in den unteren; bei der Klasse A tritt eine Erhöhung um sieben Reichspfennig ein, bei der Klasse G nur eine von einem Reichspfennig; auf Entfernungen von mehr als 100 km bleiben sie gleich hoch. Durch die Aufstufung der Abfertigungsgebühren bis 100 km wird erreicht, daß die kurzen Entfernungen nicht zu stark belastet werden.

Werden Abfertigungsgebühren und Streckenfrachten zusammengefaßt, so ergeben sich die Frachtsätze. Der Abb. 5 ist der Verlauf der Abfertigungsgebühren, Streckensätze und Frachtsätze für die Tarifklassen A, D und G der Deutschen Reichsbahn für ein Tonnenkilometer zu entnehmen; die mit der Entfernung zunehmende Verminderung der

Gebühren und Sätze tritt durch den Kurvenabfall jeweils deutlich hervor. Die Linien der Abfertigungsgebühren fallen bis 100 km entsprechend dem Aufbau der Gebühren steil ab, die Linien der Streckensätze fallen gleichmäßig ab und die Linien der Frachtsätze fallen durch die Vereinigung von Abfertigungsgebühren und Streckensätze ungleichmäßig und weniger ab als die der Streckensätze.

Die Tab. 5 enthält einen Ausschnitt aus dem Frachtsatzzeiger der Deutschen Reichsbahn vom 1. Oktober 1936. Es ist aus ihr der Zonencharakter des neuen Deutschen Eisenbahn-Gütertarifs ersichtlich. Die Entfernungszonen sind in den Nahentfernungen eng; sie erweitern sich mit steigenden Entfernungen. In der Tab. 6 sind die ab 1. Oktober 1936 bei der Deutschen Reichsbahn bestehenden Entfernungszonen für Stückgut und Wagenladungen aufgezeigt. Die Zonen erweitern sich im Stückgutverkehr von 10 auf 100 km, im Wagenladungsverkehr von 3 auf 50 km. Aus Gründen der einfacheren Abfertigung wurde der am 1. Dezember 1920 eingeführte Staffeltarif jetzt in einen Staffelzonentarif umgestaltet.

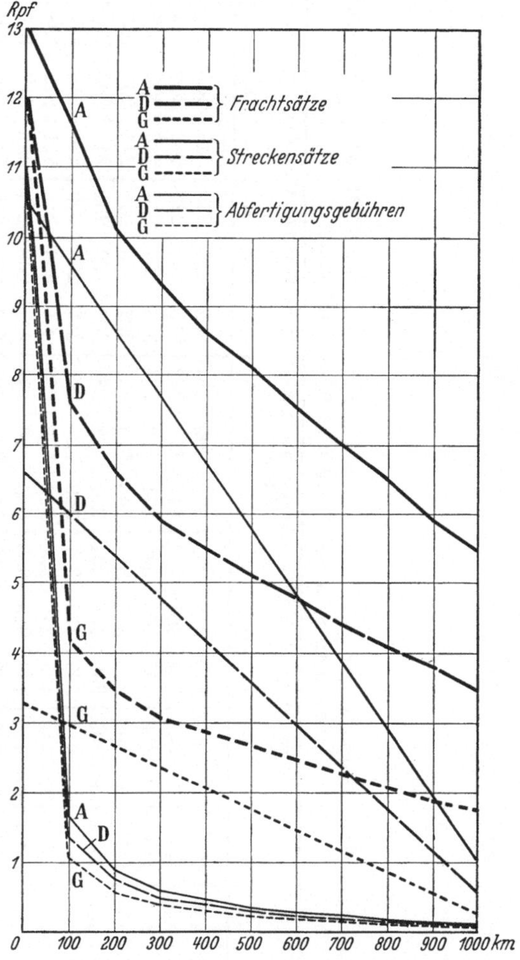

Abb. 5. Frachtsätze, Streckensätze und Abfertigungsgebühren der Klassen *A, D* u. *G* bei der eutschen Reichsbahn je Tonnenkilometer in Reichspfennig; gültig ab 1. Oktober 1936.

In den bisherigen Betrachtungen wurde davon ausgegangen, daß die Frachtsätze und Frachten von Entfernung zu Entfernung erstellt werden. Es gibt aber noch eine andere Form von Tarifen, die Bahnhofstarife, in denen die Beförderungspreise für bestimmte Verkehrsbeziehungen genannt werden. In ihnen können die auf jede Entfernungsweite verschiedenen Kosten und die an jedem Ort bestehenden unterschied-

Tabelle 5. Ausschnitt aus dem Frachtsatzzeiger der Deutschen Reichsbahn vom 1. Oktober 1936 auf Entfernungen von 585—669 und 970—1039 km.

Auf Entfernungen von km	Frachtsätze für Güter der Wagenladungsklassen A—G in Reichspfennig für 100 kg. Klassen																			
	A5	A10	A	B5	B10	B	C5	C10	C	D5	D10	D	E5	E10	E	F5	F10	F	G10	G
585— 589	488	466	444	438	418	398	385	358	335	337	309	281	302	255	232	241	204	185	158	144
590— 594	491	468	446	441	421	401	388	361	337	340	311	283	303	256	233	242	205	186	160	145
595— 599	494	471	449	443	423	403	390	363	339	341	312	284	304	257	234	243	206	187	161	146
600— 609	497	475	452	447	426	406	392	365	341	343	315	286	307	260	236	244	207	188	162	147
610— 619	502	479	456	450	429	409	396	368	344	347	318	289	309	262	238	247	209	190	163	148
620— 629	506	483	460	454	434	413	399	371	347	349	320	291	312	264	240	248	210	191	164	149
630— 639	509	486	463	458	437	416	403	375	350	352	322	293	315	266	242	251	212	193	165	150
640— 649	514	490	467	461	440	419	406	378	353	355	326	296	317	268	244	252	213	194	166	151
650— 659	518	495	471	465	444	423	409	381	356	358	328	298	319	270	245	255	216	196	168	153
660— 669	523	499	475	469	447	426	413	384	359	361	331	301	321	272	247	256	217	197	169	154
970— 979	598	571	544	537	512	488	472	439	410	413	378	344	368	311	283	293	248	225	193	175
980— 989	600	572	545	538	513	489	473	440	411	413	378	344	368	311	283	293	248	225	193	175
990— 999	601	573	546	539	515	490	474	441	412	414	380	345	369	312	284	294	249	226	194	176
1000—1019	602	574	547	540	516	491	475	442	413	415	381	346	371	314	285	294	249	226	194	176
1020—1039	604	576	549	542	518	493	476	443	414	416	382	347	372	315	286	295	250	227	195	177

Tabelle 6. Entfernungszonen der Deutschen Reichsbahn für Stückgut
und Wagenladungen ab 1. Oktober 1936.

A. Stückgut	B. Wagenladung
Auf Entfernungen von	Auf Entfernungen von
1— 99 km alle 10 km eine Zone	1— 99 km alle 3 km eine Zone
100— 499 km „ 20 km „ „	100— 599 km „ 5 km „ „
500— 699 km „ 25 km „ „	600— 999 km „ 10 km „ „
700— 999 km „ 50 km „ „	1000—1399 km „ 20 km „ „
1000—1699 km „ 100 km „ „	1400—1750 km „ 50 km „ „

lichen Wertschätzungen wie auch die in den einzelnen Verkehrsbeziehungen vorhandenen volkswirtschaftlichen Bedürfnisse besser als durch Entfernungs-, Staffel- und Zonentarife berücksichtigt werden. Ausnahmetarife werden häufig in der Form von Bahnhofstarifen erstellt, obwohl es auch bei ihnen von Entfernung zu Entfernung aufgebaute Frachtsätze gibt.

Die Berücksichtigung der Kosten und der Preiswilligkeit der Verfrachter bei der Bildung der Beförderungspreise für die einzelnen Entfernungsweiten wird wiederum durch betriebsökonomische Erwägungen veranlaßt.

Wurde an früherer Stelle ausgeführt, daß es betriebsökonomisch richtiger sein kann, eine Verkehrsleistung zu einem Beförderungspreis auszuführen, der nur die beweglichen Kosten und einen geringen Anteil fester Kosten enthält, als auf sie zu verzichten, so kann dies jetzt selbst dann gelten, wenn der Beförderungspreis niedriger ist als andere Preise für kürzere Entfernungen. Es werden dadurch Güter in Verkehrsbeziehungen großer Entfernungsweite in stärkerem Umfange oder überhaupt erst versandfähig, was zu einer vermehrten Erzeugung und zu verbilligten Preisen führen kann. Eine Preisbildung, die Verkehrsbeziehungen größerer Entfernungsweiten weniger belastet als Verkehrsbeziehungen kürzerer Entfernungen, darf aber nicht zu einer Benachteiligung von Wirtschaftsbetrieben und Wirtschaftsbezirken oder anderer Verkehrsmittel führen.

Mit der entfernungsmäßigen Staffelung der Beförderungspreise wird wie mit der Güterklassenstaffel eine Erhöhung der Verkehrsmengen angestrebt. Offensichtlich können auch mit solcher Preisbildung viel mehr Güter und insbesondere mehr geringwertige auf größere Entfernungen verfrachtet werden Diese Wirkung wird noch verstärkt, indem die weiten Entfernungen verhältnismäßig noch weniger, als den ohnehin auf diese Entfernungen für eine Wegeinheit abfallenden Kosten entsprechen würde, belastet werden. Mit der stärkeren Belastung der nahen Entfernungen besteht wohl die Gefahr, daß im Nahverkehr die Verkehrsmengen etwas zurückgehen. Der Gesamtverkehr dürfte jedoch durch die entfernungsmäßige Staffelung der Frachtsätze so stark wachsen, daß letzten Endes ein größerer wirtschaftlicher Erfolg als ohne Staffeltarifsystem erzielt wird. Erhöht sich dadurch die Versandfähigkeit der Güter, insbesondere die der Rohstoffe und Massengüter, so darf eine solche Preisbildung ohne weiteres als volkswirtschaftlich wertvoll angesehen werden. Staffeltarife verkürzen die wirtschaftlichen Beziehungen in einer Volkswirtschaft und machen diese eher zu einem einheitlichen Ganzen. Bei einem Staffeltarifsystem werden die Einzelwirtschaften auch nicht so gedrängt, ihren Standort möglichst nahe an die Rohstoff- und Materiallager oder an die großen Verbrauchsplätze zu legen; die wirtschaftliche Bedingtheit des Standorts verliert an Bedeutung.

Für den Staffeltarif der Deutschen Reichsbahn, der jetzt auch für den gewerblichen Güterfernverkehr gilt, wurde wiederholt dessen volkswirtschaftlicher Vorteil nachgewiesen. Mit der entfernungsmäßigen Staffelung der Streckensätze können die Randgebiete Deutschlands, vor allem das abgetrennte Gebiet östlich des polnischen Korridors, in Verkehrsnähe der großen Wirtschaftsgebiete des Reiches gebracht werden.

8. Preisbildung und Güte der Verkehrsleistungen.

Die Güte der Verkehrsleistungen äußert sich besonders in der Schnelligkeit, Bequemlichkeit und Sicherheit der Ortsveränderung und in der Beschaffenheit der Transportgefäße. Die unterschiedlichen Kosten der besseren oder geringeren Verkehrsleistungen und die unterschiedlichen Bewertungen solcher Leistungen wirken hier preisbestimmend.

a) Die Schnelligkeit der Beförderung.

Möglichst rasche Ortsveränderung ist zu einem dringenden, manchmal überspannten Bedürfnis unserer Zeit geworden. Im Wettbewerb verschiedener Verkehrsmittel sind oft nicht so sehr Unterschiede in den Beförderungspreisen als Unterschiede in der Schnelligkeit für ihre Benutzung entscheidend. Die Kosten der Beförderungsleistungen erhöhen sich mit steigender Geschwindigkeit; je größer die Geschwindigkeit desto höher die Kosten des Verkehrsmittels. Für schnellere Verkehrsakte wird meist ein um die Mehrkosten gegenüber langsamerer Beförderung erhöhter Preis erstellt. Mitunter dürfte es zu empfehlen sein, für raschere Beförderung einen die Mehrkosten unterschreitenden Betrag zuzuschlagen, um, wie es im Vorortverkehr geschieht, den Menschen eher die Möglichkeit zu bieten, außerhalb des Stadtkerns zu wohnen. Der Zuschlag für raschere Beförderung kann auch die Mehrkosten solcher Beförderungsakte überschreiten, wenn es unzweckmäßig ist, besonders rasche Verkehrsleistungen auszuführen, um so die Nachfrage nach solchen Leistungen zu ersticken.

Im Güterverkehr wird der Nutzen einer schnellen Beförderung hauptsächlich durch die frühere Verfügungsmöglichkeit über die Transportgüter und durch die mit der rascheren Beförderung verknüpfte geringere stoffliche Veränderung der Güter bestimmt. Wie bedeutsam die Beförderungsgeschwindigkeit sein kann, läßt die Verwendung von Flugzeugen zum Gütertransport erkennen. Mitunter ist der Fortgang der Erzeugung von der raschen Belieferung irgendwelcher Güter abhängig. Transportempfindliche Güter, insbesondere leicht verderbliche, können überhaupt nur versandt werden, wenn sie so rasch befördert werden, daß kein Verderb eintritt, oder der Gewichtsverlust oder Schwund nicht allzu groß wird. Je nach dem Nutzgrad einer rascheren Beförderung und des dafür zu entrichtenden höheren Entgelts werden Verfrachter sie beanspruchen oder sich für gewöhnliche Beförderung entscheiden. Für Güter, die nur bei kurzer Transportdauer verschickt werden können, besteht die Wahl: rasche Beförderung oder überhaupt keine Beförderung.

b) Der Nutzraum der Beförderung.

Ein größerer und besser ausgestatteter Nutzraum der Transportgefäße gleicht meist einem höherwertigen Gut.

Die kostenmäßige Bedeutung des Nutzraumes der Transportgefäße liegt besonders in dem Verhältnis Nutzlast — tote Last, oder mit anderen Worten, in dem Gewicht der Transportgüter und dem Eigengewicht der Fahrzeuge. Es gibt Güter, insbesondere die sog. sperrigen, die im Verhältnis zu ihrem Gewicht, der Nutzlast, außerordentlich viel Raum, also tote Last, beanspruchen. Wird, wie es meist geschieht, nur das Gewicht der beförderten Güter und nicht der von ihnen verdrängte Raum der Frachtrechnung zugrunde gelegt, so ist vom betriebsökonomischen Standpunkt aus eine Verkehrsleistung um so wirtschaftlicher, je schwerer die Gütersendung und je kleiner der von ihr verdrängte Raum ist. Ist dagegen der Nutzraum Maßstab der Frachtberechnung, dann ist eine Verkehrsleistung um so wirtschaftlicher, je leichter die Gütersendung und je größer ihre Raumverdrängung ist. Wirtschaftlich ist besonders beachtenswert, daß die Kosten für eine Ladung mit zunehmender Auslastung der Fahrzeuge stark degressiv sind, d. h. sie erhöhen sich wohl mit der Schwere der Ladung, aber in weit geringerem Umfang als ihr Gewicht, so daß die Kosten für eine Gewichtseinheit mit zunehmender Nutzlast abnehmen. Dies führte in Ländern mit massenhaften Verkehrsmengen zu einer erheblichen Vergrößerung des Fassungsraumes und der Tragfähigkeit der Transportgefäße. Gleichzeitig wurde hierdurch ein Weg zur Frachtsenkung eröffnet. Die weitgehende Verbilligung der Beförderungspreise im 19. Jahrhundert ist besonders auf den erhöhten Nutzraum der Fahrzeuge zurückzuführen.

Die mit der unterschiedlichen Auslastung der Fahrzeuge verknüpfte

unterschiedliche Kostenhöhe veranlaßt eine Abstufung der Beförderungspreise nach dem „spezifischen" Gewicht der Güter. Leichte und sperrige
Güter werden stärker belastet als mittelschwere und schwere Güter, und
zwar, wenn die Nachfrage es gestattet, mindestens in der Höhe der Mehrkosten im Vergleich zu anderen Gütern.

Zu umfangreicher praktischer Nutzanwendung führte die aus dem Verhältnis Nutzlast — tote Last gewonnene Einsicht in der Unterscheidung
zwischen Stückgütern und Wagenladungsgütern einerseits und Wagenladungsgütern verschiedener Gewichtsmengen andererseits. Die Belastung der Fahrzeuge mit Gütern gleicher Art, wie es häufig bei Wagenladungen der Fall ist, ergibt ein günstigeres Verhältnis von Nutzlast zu
toter Last als bei Beladung der Wagen mit Gütern verschiedener Art,
Stückgütern. Bei den amerikanischen Eisenbahnen wurden als durch-
schnittliches Nutzgewicht der Wagenladungen 34 Tonnen und als das
entsprechende Gewicht der Stückgutwagen 6 Tonnen festgestellt; der
Anteil der Stückgüter an der gesamten Eisenbahngütermenge betrug in
der Union im Jahre 1925 2,96%, ihr Anteil an den gestellten Wagen
hingegen 25,7%. Die Kosten der Beförderung von Stückgütern waren
bei den amerikanischen Eisenbahnen für eine Gewichtseinheit auf eine
Entfernung von 100 Meilen etwa siebenmal höher als die von Wagenladungsgütern. Bei dieser Betrachtung ist berücksichtigt, daß die Abfertigung und Behandlung von kleinen Sendungen auf Ausgangs-,
Unterwegs- und Zielorten ebenfalls verhältnismäßig höhere Aufwendungen als ganze Ladungen verursachen.

Die erheblich höheren Kosten des Transports von Stückgütern im
Verhältnis zum Transport von Wagenladungsgütern äußert sich in höheren Frachtsätzen und Frachten für Stückgüter. Die Tab. 7 enthält die
bei der Deutschen Reichsbahn ab 1. Oktober 1936 geltenden Frachtsätze
für Stückgüter im frachtpflichtigen Gewicht von mehr als 1000 kg und
für Wagenladungsgüter der Klassen A—G auf Entfernungen von 100
bis 199 km. Aus dieser Tabelle ist die stärkere Belastung der Stückgüter
gegenüber den Wagenladungsgütern ersichtlich.

Bei Stückgutsendungen im frachtpflichtigen Gewicht bis zu 1000 kg
erhebt die Deutsche Reichsbahn außer der Abfertigungsgebühr in Höhe
von 33 Reichspfennig für 100 kg noch einen festen Zuschlag in Höhe
von 36 Reichspfennig für 100 kg (s. Tab. 4). Auf diese Weise wird der
verhältnismäßig hohe Aufwand von Stückgutsendungen mit geringerem
Gewicht im Beförderungspreis noch mehr berücksichtigt. Das Aufwands-
und Beförderungspreisverhältnis zwischen Stückgütern und Wagenladungsgütern ist in geringerem Umfange auch bei Wagenladungen verschiedener Gewichtsmengen gegeben. Da die Kosten der Beförderung
von Wagenladungen kleinerer Gewichtsmengen nur wenig niedriger als
solche größerer Gewichtsmengen und auf eine Gewichtseinheit der ver-

Tabelle 7. Frachtsätze der Deutschen Reichsbahn für Stückgüter im frachtpflichtigen Gewicht von mehr als 1000 kg und für Wagenladungsgüter der Klassen A—G auf Entfernungen von 100—199 km für 100 kg in Reichspfennig, gültig ab 1. Oktober 1936.

| Auf Entfernungen von km | | Frachtsätze für Stückgutsendungen im frachtpflichtigen Gewicht von mehr als 1000 kg Rpf. | Frachtsätze für Wagenladungen Klassen | | | | | | |
Stückgüter	Wagenladungsgüter		A	B	C	D Rpf.	E	F	G
100—119	100—104	178	116	105	89	76	64	52	42
	105—109		120	108	93	79	66	54	44
	110—114		124	112	96	81	68	56	45
	115—119		129	116	99	84	70	58	46
120—139	120—124	202	133	120	102	87	73	59	48
	125—129		137	124	106	90	75	61	49
	134—134		142	128	109	92	77	63	50
	135—139		146	131	112	95	79	65	52
140—159	140—144	226	150	135	115	98	81	66	53
	145—149		154	139	119	100	84	68	54
	150—154		159	143	122	103	86	70	56
	155—159		163	147	125	106	88	72	57
160—179	160—164	250	167	151	128	108	90	73	58
	165—169		172	155	132	111	92	75	60
	170—174		176	158	135	114	95	77	61
	175—179		180	162	138	117	97	78	62
180—199	180—184	274	185	166	141	119	99	80	64
	185—189		189	170	145	122	101	82	65
	190—194		193	174	148	125	103	84	66
	195—199		197	178	151	127	106	85	68

ladenen Güter aber erheblich höher sind, werden für Wagenladungen geringerer Gewichtsmengen höhere Frachtsätze erstellt als für Wagenladungen größerer Gewichtsmengen. So erhebt die Deutsche Reichsbahn für 5 und 10 t-Ladungen höhere Frachtsätze als für 15 t-Ladungen, und zwar werden die Frachtsätze der Wagenladungen im Gewicht von 5 und 10 t je nach der Klassenzuteilung der zu befördernden Güter wie nachstehend mehr oder weniger erhöht:

Bei den Klassen	A	B	C	D	E	F	G
und einer Gewichtsmenge von 10 t um	5%	5%	7%	10%	10%	10%	10%
und einer Gewichtsmenge von 5 t um	10%	10%	15%	20%	30%	30%	—

Bei Auflieferung einer Gewichtsmenge von 10 t tritt also eine Steigerung der Frachtsätze für 15 t-Ladungen zwischen 5 und 10% und bei Auflieferung von 5 t eine Steigerung von 10—30% ein; die Steigerung nimmt von den oberen nach den unteren Klassen zu. Dies ist dadurch bedingt, daß die niedrigen Frachtsätze für Güter der unteren Tarifklassen eine möglichst gute Auslastung der Tragfähigkeit der Transportgefäße verlangen. Aus dem gleichen Grund wurde für die Klasse G keine Nebenklasse für Gewichtsmengen von 5 t gebildet.

Das Verhältnis von Nutzlast — tote Last kommt tarifarisch auch bei der Beförderung ungewöhnlich langer, weiter und hoher Güter zum Ausdruck. Bei der Reichsbahn werden der Frachtberechnung für solche Gütersendungen, die in gewöhnlichen gedeckten Wagen nicht verladen werden können, bestimmte Mindestgewichte zugrunde gelegt. Auf diese Weise soll versucht werden, die im Verhältnis zur Nutzlast hohe tote Last und den damit verbundenen höheren Kostenaufwand im Beförderungspreis wenigstens teilweise auszugleichen.

Auch in Kraftwagentarifen finden wir schon die Berücksichtigung des Verhältnisses Nutzlast — tote Last. Im Reichskraftwagentarif besteht wie bei der Reichsbahn die gleiche Unterscheidung zwischen Stückgut und Wagenladung und zwischen Wagenladungen von verschiedener Gewichtsmenge. Bei den Kraftverkehrsgesellschaften in dem amerikanischen Staate Washington tarifieren:

Ineinandergestellte Schreibtische zu den Frachtsätzen der Klasse 2,
aufeinandergestellte Schreibtische zu den zweifachen Frachtsätzen der Klasse 1,
lose Operationstische zu den dreifachen Frachtsätzen der Klasse 1,
Eisen- und Stahlwaren, 25 Fuß und weniger lang, zu den Frachtsätzen der Klasse 4,
     von 26—30 Fuß Länge zu den Frachtsätzen der Klasse 3,
     von 31—35 Fuß Länge zu den Frachtsätzen der Klasse 1,
     von 36—40 Fuß Länge zu den $1\frac{1}{2}$ fachen Frachtsätzen der Klasse 1,
     von mehr als 40 Fuß Länge zu den zweifachen Frachtsätzen der Klasse 1.

Bei der Preisbildung der Verkehrsleistungen ist auch die verschiedene Beschaffenheit der Transportgefäße von Einfluß, da je nach deren Beschaffenheit höhere oder niedrigere Aufwendungen erwachsen und sie mehr oder weniger bewertet werden. Es sei hier an die neuzeitlichen, mit allem Komfort ausgestatteten Dampfer und an die kostspieligen Spezialfahrzeuge erinnert. Der höhere Beschaffungsaufwand besser ausgestatteter Fahrzeuge äußert sich in fortlaufend höheren Tilgungs-, Zins- und Unterhaltungskosten, was wiederum höhere Preise für die Verkehrsleistungen erfordert. Die Beförderungspreise für die Beanspruchung besonders ausgestatteter Fahrzeuge können um deren Mehrkosten gegenüber dem Aufwand der gewöhnlich ausgestatteten Fahrzeuge oder um unter oder über diesen Kosten liegende Beträge erhöht werden. Ein tarifarisch besonders bedeutender Unterschied in der Ausstattung der Fahrzeuge besteht in den offenen und gedeckten Güterwagen. Für die Beförderung von Wagenladungsgütern in gedeckten Wagen erhebt die Deutsche Reichsbahn unter gewissen Voraussetzungen einen fünfprozentigen Gewichtszuschlag auf das frachtpflichtige Gewicht der Sendungen.

c) Die Sicherheit der Beförderung.

Die Sicherheit der Beförderung ist für die Preisbildung in zweifacher Weise von Bedeutung. Verkehrsleistungen sind um so wertvoller, je weniger die Gefahr einer Unregelmäßigkeit während der Beförderung besteht und je strenger die Haftpflicht des Transportunternehmers für Fälle der Unregelmäßigkeit ist. Unregelmäßigkeiten wie Verletzung und Tötung von Personen, Verlust, Beschädigung, Minderung und Diebstahl von Gütern, Überschreitung der Lieferfristen liegen in der Betriebsführung, der Beschaffenheit der Betriebsanlagen und Betriebsmittel und in den beförderten Gütern selbst. Sie wirken sich in der Preisbildung aus, als je nach der Betriebsführung, der Beschaffenheit der Verkehrsmittel, der Art der Transportgüter und der Strenge der Haftpflicht höhere oder niedrigere Betriebskosten entstehen und dementsprechend die Beförderungspreise beeinflußt werden. Bei der Neuregelung des gewerblichen Güterfernverkehrs auf der Landstraße zeigt es sich als besonders bedeutsam, daß die Unternehmer dieses Verkehrs jetzt in noch weitgehenderem Umfang eine Haftung für die von ihnen zu befördernden Güter übernehmen wie die Deutsche Reichsbahn (s. S. 44). Die Verkehrsleistungen des gewerblichen Güterfernverkehrs sind dadurch für ihre Beansprucher zweifelsohne wertvoller geworden, denn die Verfrachter können im Falle einer Unregelmäßigkeit jetzt mit der Erstattung der damit verbundenen Schäden rechnen. Trotz Erstattung der Schäden werten aber die Verkehrskunden Unregelmäßigkeiten der Beförderung als größeren Nachteil als die zahlenmäßige Höhe des materiellen Schadens, weil die damit verbundenen Unannehmlichkeiten in den Ersatzleistungen nicht ausgeglichen werden. (Über den Einfluß der Beförderungs- und Betriebspflicht auf die Sicherheit der Beförderung siehe S. 43/44.)

Güter, denen besonders die Gefahr einer Beschädigung, einer Minderung, eines Verlustes oder Diebstahls innewohnt, werden im Verhältnis zu anderen Gütern höher tarifiert, um das mit ihrer Beförderung verbundene größere Risiko auszugleichen. Dies geschieht in verschiedener Weise; es können solche Güter in höhere Klassen eingestuft, ihr wirkliches Gewicht kann für die Frachtberechnung erhöht oder sie können nur unter besonderen Bedingungen zur Beförderung zugelassen werden. So sind bei der Deutschen Reichsbahn besonders wertvolle Güter wie Edelmetalle und Kostbarkeiten in die oberste Tarifklasse eingereiht und werden nur als Eilgut oder beschleunigtes Eilgut zu den für diese Beförderungsarten erhöhten frachtpflichtigen Gewichten befördert; für explosionsgefährliche Güter wird die Fracht nach den Frachtsätzen der Klassen A, A 10 oder A 5 für das Doppelte des nach den Bestimmungen für Frachtgut in Wagenladungen frachtpflichtigen Gewichtes berechnet, sofern nicht die Frachtberechnung für das doppelte wirkliche Gewicht nach den Frachtsätzen für Stückgut, mindestens für 4000 kg, eine billigere Fracht ergibt. Außerdem wird für die Sicherheitsmaßnahmen, die die Eisenbahn bei Beförderung von explosionsgefährlichen Gegenständen zu treffen hat, eine Gebühr von 20 Reichspfennig für das Tarifkilometer erhoben; schließlich bestehen für solche Güter erschwerende Beförderungsbedingungen, die im Deutschen Eisenbahn-Gütertarif niedergelegt sind.

9. Die Beförderungspreise des gewerblichen Güterfernverkehrs.

In den vorhergehenden Abschnitten wurden die Kernpunkte einer gesunden Preisbildung im Verkehrswesen besprochen. Es wurde der eigentliche Preisbildungsprozeß aufgezeigt und auf die beschränkte Bedeutung von Angebot und Nachfrage in einer planvollen Wirtschaft hingewiesen. Wir haben gesehen, durch welche Maßnahmen es in einer geordneten Wirtschaft nicht mehr wie in der liberalistischen Wirtschaft vorkommen kann, daß Preise nahezu unbegrenzt zu schwanken vermögen. Das Angebot von Gütern und der Preis werden in einer gesunden Wirtschaft, bevor sie sozusagen in die Öffentlichkeit treten, von einer Gemeinschaft von Verbrauchern, Erzeugern und Händlern vorherbestimmt, so daß sich auf dem „Markt" der Preis nur noch in geringerem Ausmaß zu verändern vermag. Die Preisbewegungen sind dann nur noch ein Merkmal, und in diesem Sinne zwar ein sehr gewichtiges, und zugleich eine Aufforderung, nach den Beweggründen der Preisänderungen zu forschen. In einer Volkswirtschaft kann nichts gebessert werden, wenn Preise, ohne daß die hinter ihnen wirkenden Kräfte es verlangen, gesenkt oder erhöht werden; volkswirtschaftlich wird nur etwas bewirkt, indem mehr oder weniger Güter erzeugt oder Betriebsleistungen ausgeführt werden. Mit diesen Erkenntnissen soll nun die Gestaltung der Beförderungspreise des Güterfernverkehrs auf der Landstraße betrachtet werden.

a) Die Leistungsfähigkeit des gewerblichen Güterfernverkehrs verursacht Nachfrage nach diesem Verkehrsmittel.

Am Beginn eines Erzeugungsprozesses muß in einer geordneten Wirtschaft die Leistungsfähigkeit und Notwendigkeit der einzusetzenden Produktionsmittel geprüft werden. Das bedeutet für das Verkehrswesen eine Betrachtung der Leistungsfähigkeit des einzusetzenden Verkehrsmittels und des Bedürfnisses für dieses Verkehrsmittel, also in unserer Betrachtung des Lastkraftwagens als zwischenörtliches und öffentliches Verkehrsmittel. Die Erfahrungen mit der Verwendung von Lastkraftwagen im gewerblichen Güterfernverkehr in den beiden letzten Jahrzehnten dürften eindeutig für die Anerkennung des Lastkraftwagens als öffentliches Verkehrsmittel sprechen. Zweifel bestehen nur noch über die Grenzen, innerhalb deren sich dieses Verkehrsmittel hauptsächlich betätigen soll. Es dürfte also genügen, wenn hier kurz die Leistungsfähigkeit des gewerblichen Lastkraftwagenverkehrs betrachtet wird[1].

Auf Grund der technischen Beschaffenheit des Lastkraftwagens vermögen wir bei diesem Verkehrsmittel gewisse Vorzüge zu erkennen, die anderen Verkehrsmitteln nicht innewohnen. Andererseits steht unzweifelhaft fest, daß eine Schienenbahn, ein Schiffahrtsbetrieb, ein Flugverkehr Vorzüge besitzen, die wiederum dem Lastkraftwagen fehlen. Die Verkehrsmittel ergänzen sich auf Grund ihrer technischen Beschaffenheit; der Mensch macht aber durch seine „Vernunft" aus dem Ergänzen ein Bekämpfen.

Es darf wie für alle jungen Verkehrsmittel, so auch für den Lastkraftwagen angenommen werden, daß sein gegenwärtiges technisches Leistungsvermögen weiter gesteigert werden kann. Wenn auch in den nächsten Jahren keine grundlegenden Änderungen im Lastkraftwagenbau eintreten, so dürfte doch die Leistungsfähigkeit des Lastkraftwagens erhöht werden.

Bei Betrachtung des Leistungsvermögens eines Verkehrsmittels wird heute zumeist von seiner Schnelligkeit ausgegangen. Dabei ist nicht die Grundgeschwindigkeit, die ein Verkehrsmittel zu erreichen vermag, maßgebend, sondern die Beförderungsdauer, welches der gesamte Zeitaufwand ist, den ein Beförderungsakt von einem Punkt A nach einem Punkt B erfordert. Es handelt sich also um den Zeitaufwand, um ein Gut vom Werk des Versenders in das des Empfängers zu bringen. Im Gegensatz zu anderen Verkehrsmitteln kann der Lastkraftwagen die Güter beim Versender in Empfang nehmen und sie meist ohne Unterbrechungen unter Einhaltung seiner Grundgeschwindigkeit im Werkhof des Empfängers abladen. Selbst wenn Versender und Empfänger Anschlußgleise besitzen, ist dies bei einer Schienenbahn nicht möglich. Wieviel Verschubbewegungen sind allein erforderlich, bis ein leerer Eisenbahnwagen zur Beladung auf dem Anschlußgleis des Versenders steht und bis der beladene Wagen in einen Güterzug eingestellt ist. Die besondere Eigenschaft des Lastkraftwagens, unmittelbar den Verkehr von Werk zu Werk bedienen zu können, verschafft ihm eine kurze Beförderungsdauer, die in vielen Verkehrsbeziehungen günstiger als die des Schienenverkehrs ist, obwohl dessen Züge eine höhere Grundgeschwindigkeit als Lastkraftwagen erreichen. Die Beförderungsdauer des Lastkraftwagens ist im Verhältnis zu der einer Schienenbahn um so günstiger, je kürzer die Verkehrsverbindung ist.

In der Tab. 8 sind für eine Anzahl amerikanischer Verkehrsverbindungen Beförderungsdauer und Beförderungsgeschwindigkeit für Last-

---

[1] Einsicht in diese Fragen gewähren viele vorliegende Veröffentlichungen.

kraftwagen und Eisenbahn festgehalten. In diesen Verkehrsbeziehungen beträgt die Beförderungsdauer für die Gesamtentfernung von 1698 Meilen 183 Stunden für den Lastkraftwagen und 888 Stunden für die Eisenbahn. Die Eisenbahn braucht also zur Verkehrsbedienung dieser Städte fünfmal solang wie der Lastkraftwagen. Wenn auch ein solcher Vorsprung des Lastkraftwagens nicht als Durchschnitt und insbesondere nicht für deutsche Verhältnisse genommen werden darf, so ist er doch bezeichnend für die Stellung dieses Verkehrsmittels im Vergleich zur Schienenbahn. Auf andere Merkmale einer raschen Beförderung soll hier nicht eingegangen werden, da, wie vermerkt, hier nur einige Gesichtspunkte des technischen Leistungsvermögens des Lastkraftwagens hervorgehoben werden sollen.

Tabelle 8. Beförderungsdauer und Beförderungsgeschwindigkeit von Lastkraftwagen- und Eisenbahnverbindungen[1].

Versandort: Buffalo.

Bestimmungsort	Entfernung	Beförderungsdauer des Lastkraftwagens	Beförderungsgeschwindigkeit des Lastkraftwagens	Beförderungsdauer der Eisenbahn	Beförderungsgeschwindigkeit der Eisenbahn
	Meilen	Stunden	Meilen die Stunde	Stunden	Meilen die Stunde
Donawenda	10	2	5,0	48	0,2
Niagara Falls	26	4	6,5	48	0,5
Batavia	37	5	7,4	48	0,8
Rochester	72	9	8,0	72	1,0
Jamestown.	77	9	8,4	48	1,6
Erie	92	10	9,2	48	1,9
Ashtabula	129	14	9,2	72	1,8
Elmira.	145	15	9,6	96	1,5
Syracus	154	16	9,6	48	3,2
Utica	203	21	9,6	72	2,8
Binghamton	204	21	9,7	72	2,8
Pittsburgh	241	26	9,2	120	2,0
Albany	308	31	9,9	96	3,2
	1698	183	8,57	888	1,79

Ein weiterer wichtiger Faktor für die Wertung eines Verkehrsmittels besteht in der Sicherheit. Die Güte eines Transportes hinsichtlich der Sicherheit äußert sich in der Beschaffenheit der Fahrzeuge, in der Durchführung der Beförderung und der Strenge der Haftpflicht (siehe auch S. 39ff). In der technischen Beschaffenheit der Fahrzeuge darf für den

---

[1] Siehe Merkert: Personenkraftwagen, Kraftomnibus und Lastkraftwagen in den Vereinigten Staaten von Amerika, S. 128.

Schienen- und Landstraßenverkehr im allgemeinen eine Gleichwertigkeit angenommen werden. Beim Umschlag der Güter von einem Verkehrsmittel auf das andere, was beim Schienenverkehr häufig, beim Landstraßenverkehr seltener eintritt, liegt der Lastkraftwagen gegenüber der Eisenbahn im Vorteil. Der Umschlag der Güter von einem Verkehrsmittel auf das andere bringt Unregelmäßigkeiten und Verluste. Bei vielen Gütern entsteht hierdurch ein Verlust von fünf und noch mehr Prozenten ihres Verbrauchs- oder Gebrauchswertes. Der Verlust des Heizwertes bei der Kohle ist sogar noch größer.

Die allgemeine Durchführung der Beförderung ist bei der Schienenbahn durch ihre straffe Organisation und fahrplanmäßige Betriebsführung gesicherter. Hierher gehört auch die allgemeine Beförderungspflicht der Eisenbahn, auf Grund der mehr oder weniger alle ihr angebotenen Güter befördert werden müssen.

Nach § 3 der Eisenbahn-Verkehrsordnung darf die Reichsbahn wie jede andere dem allgemeinen Verkehr dienende Eisenbahn Deutschlands die Übernahme einer Sendung nur verweigern, wenn

a) den geltenden Beförderungsbedingungen und den sonstigen allgemeinen Anordnungen der Eisenbahn nicht entsprochen wird, oder

b) die Beförderung mit den regelmäßigen Beförderungsmitteln nicht möglich ist, oder

c) die Beförderung durch Umstände verhindert wird, die als höhere Gewalt zu betrachten sind.

. Dem steht im gewerblichen Güterfernverkehr der § 7 der Kraftverkehrsordnung gegenüber, auf Grund dessen eine Pflicht zur Übernahme von Beförderungsaufträgen nicht besteht. Lastkraftwagenunternehmer, die sich dem Reichs-Kraftwagen-Betriebsverband zur Ausführung aller ihnen zugewiesenen Beförderungsaufträgen verpflichten, dürfen die Übernahme einer Beförderung nur verweigern, wenn

a) den Bestimmungen der Kraftverkehrsordnung oder den sonstigen allgemeinen Anordnungen des Reichs-Kraftwagen-Betriebsverbandes nicht entsprochen wird, oder

b) ihnen keine geeigneten Fahrzeuge zur Verfügung stehen, oder

c) die Beförderung durch Umstände oder Ereignisse verhindert wird, die der Unternehmer auch bei Anwendung der ihm zuzumutenden Sorgfalt und Umsicht weder abzuwenden noch in ihren Wirkungen abzuschwächen vermag (höhere Gewalt).

Im Schienenverkehr besteht eine allgemeine Beförderungspflicht, im gewerblichen Güterfernverkehr eine Betriebspflicht. Dies besagt allgemein gesprochen: Die Reichsbahn hat jedes Gut, das ihr angeboten wird, anzunehmen, der gewerbliche Güterfernverkehr hingegen nur die Güter, die der Reichs-Kraftwagen-Betriebsverband zur Annahme anordnet und zu deren Beförderung geeignete Fahrzeuge zur Verfügung stehen.

Es können hiernach im gewerblichen Güterfernverkehr Beförderungsaufträge abgelehnt werden, die die Reichsbahn auszuführen verpflichtet
ist. Dies bringt die Eisenbahn dem Verfrachter gegenüber in Vorzug.
(Über die Unmöglichkeit einer allgemeinen Beförderungspflicht im gewerblichen Güterfernverkehr s. S. 71/72.)

Die Sicherheit der Beförderung ist ferner bedeutsam durch die Art
der verkehrsrechtlichen Regelung der Transportleistungen. Im gewerblichen Güterfernverkehr war in dieser Beziehung bislang nur das gewöhnliche Frachtrecht des Handelsgesetzbuches maßgebend, demgegen-
über das Eisenbahnfrachtrecht, das in der Eisenbahn-Verkehrsordnung
niedergelegt ist, eine weit strengere Haftpflicht des Frachtführers auf-
wies. Die Verkehrsinteressenten waren dadurch bei Schienenverfrachtung gesicherter als bei Kraftwagenverfrachtung. Mit der Erstellung der
Kraftverkehrsordnung haftet der gewerbliche Güterfernverkehr aus dem
Frachtvertrage, wie vermerkt, in noch weitergehenderem Umfang wie
der Eisenbahnverkehr. Nach den Bestimmungen der Kraftverkehrsordnung erstreckt sich die Haftung des gewerblichen Güterfernverkehrs
grundsätzlich auf eine unbeschränkte Zahl von Unregelmäßigkeiten, die
nur in gewissen Fällen (s. KVO. § 29ff.) vertraglich eingeschränkt sind.
In wesentlichen Punkten wird über den Haftungsumfang der Eisenbahn-
Verkehrsordnung hinausgegangen. So ist in der Kraftverkehrsordnung
die Haftung für einen durch höhere Gewalt verursachten Schaden teilweise eingeschlossen, während in der Eisenbahn-Verkehrsordnung diese
Art von Schadensverursachung grundsätzlich ausgeschlossen ist (s.
EVO. § 82). In keinem anderen Lande sind die Verfrachter mit Last-
kraftwagen in der Haftung für Unregelmäßigkeiten so günstig wie in
Deutschland gestellt.

Bei der Frage nach der Leistungsfähigkeit eines Verkehrsmittels ist
auch besonders seine ökonomische Anpassungsfähigkeit bedeutsam. Der
verhältnismäßig geringe Anteil der festen Kosten des Lastkraftwagens an
den gesamten Kosten macht dieses Verkehrsmittel äußerst anpassungs-
fähig an die Verkehrsstärke. Je nach der Verkehrsstärke können ohne
Schwierigkeiten mehr oder weniger und größere oder kleinere Fahrzeuge
eingesetzt werden. Diese ökonomische Anpassungsfähigkeit des Lastkraftwagens macht sich äußerst günstig bei einer Verminderung der
Transportstärke geltend. Hier kann der Überschuß an Transportraum
beim Lastkraftwagenverkehr ohne Verlust zurückgezogen und an einem
anderen Orte wieder eingesetzt werden. Ist aber einmal eine Eisenbahn
gebaut, so kann das in ihr angelegte Kapital nicht ohne erhebliche Verluste in anderer Weise verwendet werden. So wirtschaftlich und unent-
behrlich eine Eisenbahn für den Massenverkehr ist, so unwirtschaftlich ist
sie für kleine Verkehrsmengen. Da sich außerdem der Hauptverkehr in
Gebieten großer Verkehrsdichte in Beförderungsmengen von 10—15 t

äußert, so ist für den Lastkraftwagenzug mit seiner Tragfähigkeit von 10—15 t im allgemeinen ein günstiges Wirkungsfeld gegeben.

Der Kraftwagen ist auch gut zur Aufschließung und zum Anschluß neuer Gebiete geeignet. Ohne umfangreiche und kostspielige Vorarbeiten, ohne ortsfeste Bauten kann der Betrieb aufgenommen und Klarheit über den Umfang der vorhandenen Verkehrsbedürfnisse geschaffen werden. Erweist sich der Verkehr als zu gering, so kann der Betrieb ohne nennenswerte Verluste eingestellt, Verkehrssteigerungen mit Lastanhängern oder weiteren Lastzügen begegnet werden. Wird dagegen eingewendet, daß es ·dem einzelnen auf eigene Rechnung tätigen Lastkraftwagenunternehmer nicht möglich ist, neue Verkehrsgebiete zu erschließen, so ist dem entgegenzuhalten, daß auch eine Schienenbahn in solchen Gebieten nicht ohne Sicherheiten gebaut wird. Zur Aufschließung neuer Gebiete ist es volkswirtschaftlich unzweifelhaft richtiger, ein Verkehrsmittel mit größerer Anpassungsfähigkeit und geringeren festen Kosten einzusetzen, und nicht etwa, wie in der Vergangenheit, eine Schienenbahn zu bauen. Dies wird durch den Einsatz von Kraftfahrzeugen bei Stillegung von Kleinbahnen infolge zu geringer Verkehrsstärke bestätigt.

War der Lastkraftwagen vor einem Jahrzehnt noch ein Verkehrsmittel, das vorwiegend nur auf nahe und mittlere Entfernungen zur Verkehrsbedienung geeignet war, so hat sich dies durch die gesteigerte Leistungsfähigkeit der Fahrzeuge und durch die Errichtung von Gütervermittlungs- und Laderaumverteilungsstellen geändert. Vor 10 Jahren rechnete man mit einem Wirkungskreis des Lastkraftwagens von 200 km und einer jährlichen mittleren Betriebsleistung von 15 000 Fahrzeugkilometern. Jetzt führen Lastkraftwagen Verkehrsleistungen auf 500 und noch mehr Kilometer Entfernungsweite aus. Ihre frühere mittlere Betriebsleistung bildet heute die Untergrenze, während nach oben eine Leistung von 80 000 und mehr Fahrzeugkilometern erreicht wird. Die Vermittlung von Rückladungen an die Unternehmer des gewerblichen Güterfernverkehrs durch viele Spediteure und die Errichtung von Laderaumverteilungsstellen und Autohöfen lassen die tägliche Leistungsfähigkeit des Lastkraftwagens nicht mehr als ein entscheidendes wirtschaftliches Merkmal erscheinen.

Die kurz umrissene Stellung des Lastkraftwagens im gewerblichen Güterfernverkehr läßt eindeutig erkennen, daß sich dieses Verkehrsmittel unbedingt ein Anrecht in der Verkehrsbedienung der deutschen Volkswirtschaft erworben hat. Im Hinblick auf die Preisbildung darf somit angenommen werden, daß der gewerbliche Güterfernverkehr Leistungen vollbringt, die in volkswirtschaftlichem Sinne berechtigt sind.

Die Eignung des Lastkraftwagens zur Verkehrsbedienung, insbesondere seine Möglichkeit zur besseren Erfüllung vieler Transportaufgaben als andere Verkehrsmittel machte sich in einem starken Bedürfnis für seine Verkehrsleistungen geltend. Es entstand eine Nachfrage nach Verkehrsleistungen des gewerblichen Güterfernverkehrs zur Verfrachtung von nahezu allen Gütern und nach Leistungen auf nahe, mittlere und weite Entfernungen. Die Nachfrage nach solchen Leistungen trifft auf ein Angebot der Lastkraftwagenunternehmer zur Beförderung der meisten Güter auf alle Entfernungen.

b) Die Begrenzung von Angebot und Beförderungspreis durch Rechtsbestimmungen.

Ist zuvor auf Angebot und Nachfrage von und nach Verkehrsleistungen des gewerblichen Güterfernverkehrs, wie sie durch die wirtschaftlichen Verhältnisse bedingt sind, hingewiesen worden, so soll jetzt die Begrenzung von Angebot und Beförderungspreis dieses Verkehrsmittels durch Rechtsbestimmungen erörtert werden.

Nach den gesetzlichen Bestimmungen kann nicht jeder Lastkraftwagenunternehmer in die Verkehrsbedienung eintreten. Es bestehen Bestimmungen für die notwendige Genehmigung zur Verkehrsbedienung, für die Zahl, Art und Beschaffenheit der zu verwendenden Kraftfahrzeuge, ferner muß die Zuverlässigkeit des Unternehmers, die Sicherheit und Leistungsfähigkeit seines Betriebes gewährleistet und ein volkswirtschaftliches Bedürfnis für die Verkehrsleistungen vorhanden sein. Auf diese Weise wird Einfluß auf die Menge der Verkehrsleistungen gewonnen, was im Sinne unserer allgemeinen wirtschaftlichen Ausführungen liegt, vorausgesetzt natürlich, daß dem volkswirtschaftlichen Bedürfnis richtig entsprochen wird. Mit der zugelassenen Zahl von Unternehmern und Lastzügen im gewerblichen Güterfernverkehr kann die Nachfrage nach Beförderungsleistungen dieses Verkehrs gegenwärtig voll befriedigt werden. Anders ist jedoch die Sachlage durch die gesetzliche Regelung der Beförderungspreise des gewerblichen Güterfernverkehrs. Die Beschränkung dieses Verkehrs auf die Tarifklassen A—D und auf eine Anzahl Ausnahmetarife läßt nur ein begrenztes Angebot zu, das die Nachfrage bei weitem nicht zu befriedigen vermag. Auch die durch die Kraftverkehrsordnung geschaffene Form für die Ausführung der Verkehrsleistungen läßt gewisse Verkehrsbedürfnisse der Verfrachter unbeachtet.

In die Klassen A, B, C und D des Reichskraftwagentarifs sind die gleichen Güter wie in den entsprechenden Klassen der Reichsbahn eingestuft, mit einer Ausnahme von größter Bedeutung, daß die Klasse D des Reichskraftwagentarifs auch die meisten Güter der Klassen E—G der Reichsbahn enthält. Güter, die bei der Reichsbahn in die Klassen E—G eingestuft sind, müssen deshalb, soweit sie im Reichskraftwagentarif in der Klasse D genannt sind, zu den Frachtsätzen dieser Klasse, und soweit sie hier nicht genannt sind, zu den Frachtsätzen der Klasse A abgefertigt werden. Im gewerblichen Güterfernverkehr muß also ein großer Teil der zur Beförderung drängenden Güter — am Verkehrsumfang der Reichsbahn der Klassen A—G gemessen ist es etwa gerade die Hälfte — zu höheren Frachtsätzen als bei der Deutschen Reichsbahn befördert werden. Dies ist gleichbedeutend mit einer beträchtlichen Einschränkung des Angebots des gewerblichen Güterfernverkehrs. Die Verfrachter werden Verkehrsleistungen für die Güter der Klassen E—G beim gewerblichen Güterfernverkehr nur dann nachfragen, wenn durch die Nebenleistungen der Reichsbahn, wie die Aufwendungen für die An- und Abfuhr der Güter im Schienenverkehr, etwa eine Preisgleichheit zwischen Schiene und Landstraße entsteht, oder wenn die Güte der Verkehrsleistungen des gewerblichen Güterfernverkehrs um soviel wertvoller ist, daß für diese ein höherer Beförderungspreis bewilligt wird. Der Unterschied zwischen den Frachtsätzen der Klasse D und denen der Klassen E—G ist jedoch so groß, daß meist weder eine Preisgleichheit zwischen den beiden Verkehrsmitteln noch eine entsprechende hohe Preiswilligkeit für den gewerblichen Güterfernverkehr eintritt. Die Erfahrungen mit dem neuen Reichskraftwagentarif seit April 1936 bestätigen dies in vollem Umfang. Andererseits besteht aber bei den Verfrachtern ein großes Bedürfnis, Güter zu den Frachtsätzen der Tarifklassen E—G auch im gewerblichen Güterfernverkehr aufgeben zu können. Selbst für Verkehrsbedürfnisse, die der gewerbliche Güterfernverkehr besser als die Reichsbahn zu befriedigen vermag, ist die Wirtschaft im allgemeinen doch nicht gewillt, einen höheren Frachtaufwand als den durch die Tarifklassen E—G gegebenen zu tragen. Hinzu kommt, daß viele Verfrachter ihre Güter der Klassen A—D dem Lastkraftwagen nur dann übergeben, wenn von diesem Verkehrsmittel gleichzeitig ihre Güter zu den billigen Frachtsätzen der Klassen E—G befördert werden. So sind beispielsweise Papierfabriken bereit, ihre hochwertigen Erzeugnisse mit Kraftwagen zu verfrachten, sofern dieses Verkehrsmittel gleichzeitig auch ihre Papierabfälle zu den Frachtsätzen der Klasse F befördert; oder eine Lederfabrik betrachtet den Lastkraftwagen als das geeignetere Verkehrsmittel zur Beförderung ihres Leders, kann sich aber dennoch nicht für dieses Verkehrsmittel entscheiden, wenn nicht ihre Lederabschnitzel zur Klasse F gefahren werden. Solche Verhältnisse wirken sich auf den gewerblichen Güterfernverkehr geradezu unerträglich aus. Nicht nur, daß die Unternehmer dieses Verkehrs oft leer an ihren Wohnsitz zurückfahren müssen, weil sie keine Sendungen zu den billigen Frachtsätzen der Klassen E—G übernehmen können, sie erhalten aus den vorgenannten Gründen oft auch nicht die Transporte für die nach den Klassen A—D tarifierenden Güter und müssen dadurch auf die Ausführung von Verkehrsleistungen überhaupt verzichten, und dies, obwohl die Unternehmer kostenmäßig in der Lage wären, Beförderungsleistungen zu den niedrigen Frachtsätzen der Klassen E—G auszuführen. (Näheres hierüber enthalten die beiden folgenden Kapitel.)

Neben den Regelklassen A—D sind dem gewerblichen Güterfernverkehr außerdem 85 Ausnahmetarife der Reichsbahn zugebilligt worden. Da bei der Auswahl dieser Ausnahmetarife verkehrswirtschaftliche Bedürfnisse der Verfrachter und Lastkraftwagenunternehmer eher berücksichtigt werden konnten, macht sich hier die Beschränkung auf die zugebilligten Ausnahmetarife nicht so einschneidend bemerkbar wie die Beschränkung im Regeltarif. In der Nachfrage nach Verkehrsleistungen zu Ausnahmetarifen kommt jedoch zum Ausdruck, daß noch einige weitere Ausnahmetarife für den gewerblichen Güterfernverkehr dringend benötigt werden. Da die Unternehmer des Lastkraftwagenverkehrs und insbesondere die Verfrachter bei der Auswahl der Ausnahmetarife doch nicht genügend gehört werden konnten, wäre es eine Benachteiligung jener Unternehmer und Verfrachter, für die bestimmte Ausnahmetarife eine besondere Bedeutung haben, wenn diese dem gewerblichen Güterfernverkehr nicht zugesprochen werden würden. Entschließt sich die Reichsbahn, weitere Ausnahmetarife einzuführen, so wäre jeweils zu prüfen, ob diese gleichzeitig im gewerblichen Güterfernverkehr Gültigkeit erhalten sollen; verkehrswirtschaftlich günstiger wäre noch, wenn vor der Erstellung von Ausnahmetarifen ein Einvernehmen zwischen Reichsbahn und Reichs-Kraftwagen-Betriebsverband erzielt würde.

Es ist nun zu prüfen, ob der gewerbliche Güterfernverkehr betriebsökonomisch die Güter der Klassen E—G zu befördern vermag und ob dies allgemeinwirtschaftlich erwünscht ist. Zu diesem Zweck ist es zunächst erforderlich, die Kosten des gewerblichen Güterfernverkehrs dem Tarifsystem der Deutschen Reichsbahn gegenüberzustellen. Die Ergebnisse dürften allgemein richtungweisend sein.

c) Was besagen Höhe und Gestaltung der Kosten des Lastkraftwagenbetriebes im Hinblick auf das Eisenbahntarifsystem?

Wer sich schon mit Kostenberechnungen von Lastkraftwagenbetrieben befaßt hat, wird nicht bezweifeln, daß solche Kosten mit großer Genauigkeit festgestellt werden können. Schwierigkeiten liegen mehr in einer richtigen Auswertung der Kostenergebnisse. Weitgehende Unterschiede in der Art der Fahrzeuge, in der Fahrzeuggröße, in dem Umfang der Betriebsleistungen und in der Ausnutzungsmöglichkeit der Transportgefäße bedingen wohl große Unterschiede in der Kostenhöhe, verhindern aber nicht eine zur Festsetzung von Beförderungspreisen brauchbare Kostenermittlung. Die nachstehend verwendeten Kostenwerte sind vom Verfasser selbst errechnet und mit den tatsächlichen Aufwendungen von Lastkraftwagenunternehmern verglichen worden. Die Kostenwerte sind so bemessen, daß sie als auf den Kosten aufgebaute Preise betrachtet werden können.   Die Tab. 9 und Abb. 6 enthalten Kostenmittel- und Kostengrenzwerte für ein Fahrzeugkilometer von Diesellastkraft- und

Anhängewagen von verschie- Tabelle 9. Kosten für ein Fahrzeugkilo-
dener Größe und bei einer meter von Diesellastkraft- und An-
wechselnden Zahl jährlicher hängewagen von verschiedener Größe
Betriebsleistungen. Die Auf- und bei einer wechselnden Zahl jähr-
wendungen für den zweiten licher Betriebsleistungen.
Anhänger sind niedriger als
für den ersten, weil nur ein

Nutzlast	Kosten für ein Fahrzeug-kilometer bei einer jähr-lichen Betriebsleistung von		
Betriebsleistung km	20 000	50 000	80 000
Zugwagen:	Rpf.	Rpf.	Rpf.
3 t	46	27	22
5 t	60	38	33
6,5 t	71	46	40
Erster Anhänger:			
3 t	22	11	8
5 t	25	14	11
6,5 t	28	16	13
Zweiter Anhänger:			
3 t	5,5	4,6	4,4
5 t	8,4	7,3	7,0
7 t	10,7	9,2	8,8

Beifahrer erforderlich ist, der dem ersten Anhänger zuge- rechnet wurde. Danach be- tragen die Kosten eines Fahr- zeugkilometers für einen 5 t- Zugwagen mit zwei 5 t-An- hängern im Mittelwert 59 Reichspfennig, in den Grenz- werten 93 und 51 Reichspfen- nig. Je nach dem technischen Leistungsvermögen des Zug- wagens, der Straßenbeschaf- fenheit und dem Umfang der Verkehrsmengen können Lastzüge kleinerer oder größerer Tragfähigkeit zusammengestellt werden. In der einen Verkehrsbeziehung kann nur ein

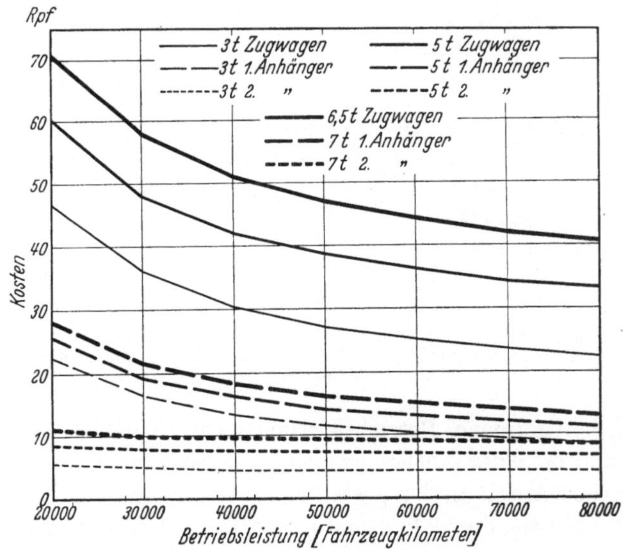

Abb. 6. Kosten für ein Fahrzeugkilometer von Diesellastkraftwagen und Anhänger von verschiedener Größe und bei einer wechselnden Zahl jährlicher Betriebsleistungen.

3 t-Zugwagen, in einer anderen ein Lastzug von 20 t eingesetzt werden. Die Kostenwerte für Betriebsleistungen von jährlich 80 000 Fahrzeugkilometern sind durch die in gleicher Höhe bleibenden beweglichen Kosten nicht viel niedriger als die Mittelwerte. In der Abb. 6 äußert sich dies in den schwach abfallenden Kurven bei Leistungsmengen von mehr als 50 000 Fahrzeugkilometern. Die beweglichen Kosten beanspruchen bei

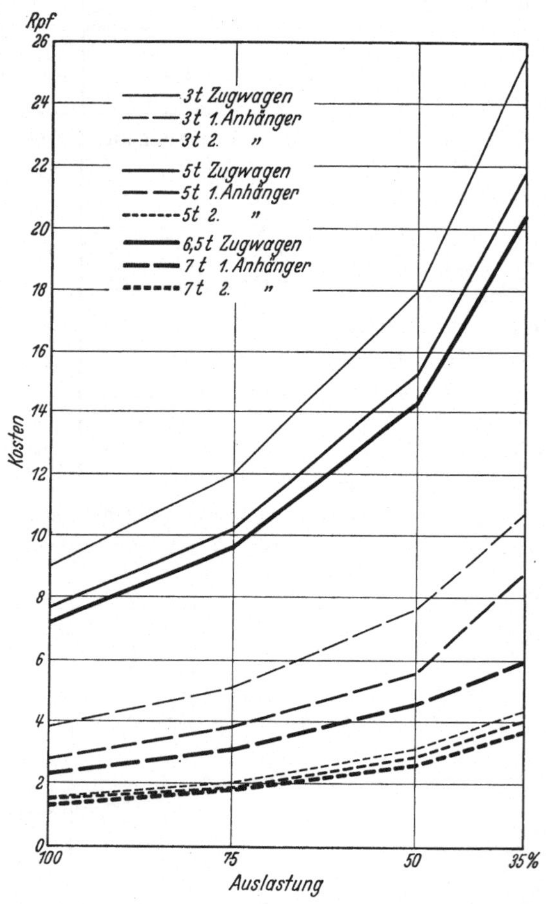

Abb. 7. Kosten für ein Tonnenkilometer von Zug- und Anhängewagen von verschiedener Größe bei einer jährlichen Betriebsleistung von 50 000 Fahrzeugkilometern und einem wechselnden Auslastungsgrad.

einer jährlich geringen Betriebsleistungsmenge einen verhältnismäßig geringen und bei einer jährlich großen Leistungsmenge einen verhältnismäßig starken Anteil an den gesamten Kosten.

Aus den Kosten der Tab. 9 sind in der Tab. 10 die Aufwendungen für ein Tonnenkilometer von Zug- und Anhängewagen von verschiedener Größe bei einer jährlichen Betriebsleistung von 50 000 Fahrzeugkilometern und bei verschiedener Auslastung errechnet. Die Aufwandsziffern schwanken für ein Tonnenkilometer zwischen 25,8 und 3,6 Reichspfennig für einen 3 t-Zugwagen mit einer 35proz. Auslastung und einen 20,5 t-Lastzug mit einer 100proz. Auslastung. In der Abb. 7 kommt die immer stärkere Zunahme dieser Aufwendungen bei geringer werdender Auslastung der Fahrzeuge deutlich zum Ausdruck. So steigt der Aufwand für ein Tonnenkilometer eines Zugwagens mit einer Tragfähigkeit von 6,5 t von 7,2 Reichspfennig bei 100proz. Auslastung auf 20,5 Reichspfennig bei 35proz. Auslastung.

Tabelle 10. Kosten für ein Tonnenkilometer von Zug- und Anhängewagen von verschiedener Größe bei einer jährlichen Betriebsleistung von 50 000 Fahrzeugkilometern und einem wechselnden Auslastungsgrad:

Auslastung:	100 % Rpf.	75 % Rpf.	50 % Rpf.	35 % Rpf.
Nutzlast Zugwagen:				
3 t	9,0	12,0	18,0	25,8
5 t	7,7	10,2	15,3	21,9
6,5 t . . .	7,2	9,6	14,3	20,5
Erster Anhänger:				
3 t	3,8	5,1	7,6	10,8
5 t	2,8	3,8	5,6	8,9
7,5 t . . .	2,3	3,1	4,6	6,0
Zweiter Anhänger:				
3 t	1,5	2,0	3,1	4,4
5 t	1,5	1,9	2,9	4,1
7 t	1,3	1,8	2,6	3,7

Werden mit einem Zugwagen jeweils ein bzw. zwei Anhänger von gleicher Tragfähigkeit wie der des Zugwagens verbunden, so ergeben sich folgende Werte für ein Tonnenkilometer:

bei Auslastung von	100 % Rpf.	50 % Rpf.
Zugwagen von 3 t und 1 Anhänger von 3 t . .	6,4	12,8
,, ,, 5 t und 1 ,, ,, 5 t . .	5,2	10,4
,, ,, 6,5 t und 1 ,, ,, 7 t . .	4,8	9,5
Zugwagen von 3 t und 2 Anhänger von 3 t . .	4,7	9,6
,, ,, 5 t und 2 ,, ,, 5 t . .	4,0	7,9
,, ,, 6,5 t und 2 ,, ,, 7 t . .	3,6	7,2

In der Abb. 8 sind diese Kostenwerte bildmäßig wiedergegeben. Die Grenzwerte schwanken in der Aufstellung zwischen 3,6 und 12,8 Reichspfennig für ein Tonnenkilometer. Die jenseits dieser Grenzwerte liegenden Kostenziffern kommen praktisch nur in seltenen Fällen in Frage und können deshalb hier ausgeschaltet werden. Als mittlere Aufwendungen sind Kostenziffern in Höhe von 6—10 Reichspfennig für ein Tonnenkilometer anzusprechen. Stellt man diese Kostenziffern, die, wie vermerkt, so bemessen sind, daß zu ihnen Verkehrsleistungen ausgeführt und deshalb als Preisziffern angesprochen werden können, den Frachtsätzen der Reichsbahn für ein Tonnenkilometer gegenüber, so ergeben sich für den Kraftwagen je nach der Tarifklasse engere oder weitere Leistungsgrenzen. Die Tab. 11 enthält die Frachtsätze der verschiedenen Tarifklassen der Deutschen Reichsbahn für ein Tonnenkilometer auf Entfernungen bis zu 800 km und die Leistungsgrenzen des gewerblichen Güterfernverkehrs bei einem mittleren Kostenwert von 8 Reichspfennig für ein

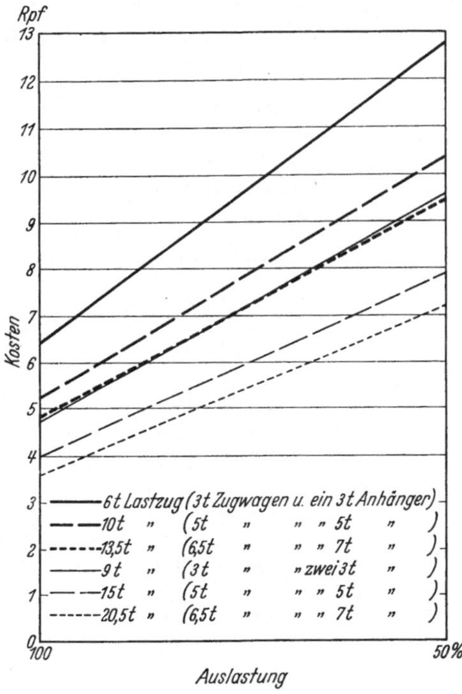

Abb. 8. Kosten für ein Tonnenkilometer von Lastzügen bei voller und halber Auslastung bei einer jährlichen Betriebsleistung von 50000 Fahrzeugkilometer.

Tonnenkilometer. Die Tab. 11 wie die Abb. 9 lassen erkennen, daß die Kosten bzw. Beförderungspreise des Lastkraftwagens je nach der Tarifklasse auf kleinere oder größere Entfernungen niedriger oder höher als die der Reichsbahn sind. Unter den genannten Voraussetzungen wäre der Lastkraftwagen in der Tarifklasse A 5 bis 600 km, in der Tarifklasse C 10 bis 200 km und in der Tarifklasse E 10 bis 50 km wettbewerbsfähig, während er für die noch niedrigeren Klassen F und G kostenmäßig überhaupt nicht in Frage kommen würde. Der Lastkraftwagen könnte demnach Güter der oberen Tarifklassen billiger und Güter der unteren Tarifklassen überhaupt nicht befördern.

Werden Güter auf dem Schienenwege befördert, so entstehen vor Beginn und nach Beendigung des Schienentransportes für die An- und

Abfuhr der Güter nach und von den Bahnhöfen weitere Aufwendungen. Bei einem Vergleich der gesamten Aufwendungen bei Beanspruchung des

Tabelle 11.

Frachtsätze der Deutschen Reichsbahn für 1 tkm in Reichspfennig auf Entfernungen bis zu 800 km und Leistungsgrenzen des gewerblichen Güterfernverkehrs bei einem mittleren Kostenwert (Beförderungspreis) von 8 Rpf. für 1 tkm.

Auf Entfernungen von km	Klassen																			
	A5	A10	A	B5	B10	B	C5	C10	C	D5	D10	D	E5	E10	E	F5	F10	F	G10	G
50	13,2	12,6	12,0	11,8	11,4	10,8	10,8	10,0	9,4	9,8	9,0	8,2	9,4	8,0	7,2	7,8	6,6	6,0	5,8	5,2
75	12,7	12,0	11,5	11,5	10,9	10,4	10,1	9,5	8,8	8,9	8,3	7,5	8,1	6,9	6,3	6,9	5,9	5,3	4,8	4,4
100	12,8	12,2	11,6	11,6	11,0	10,5	10,2	9,5	8,9	9,1	8,4	7,6	8,3	7,0	6,4	6,8	5,7	5,2	4,6	4,2
150	11,7	11,1	10,6	10,5	10,0	9,5	9,3	8,7	8,1	8,3	7,5	6,9	7,5	6,3	5,7	6,1	5,1	4,6	4,1	3,7
200	11,1	10,6	10,1	10,0	9,5	9,1	8,9	8,3	7,7	7,8	7,2	6,6	7,0	6,0	5,4	5,7	4,8	4,4	3,8	3,5
250	10,6	10,1	9,6	9,5	9,1	8,6	8,4	7,8	7,3	7,4	6,8	6,2	6,6	5,6	5,1	5,4	4,5	4,1	3,6	3,2
300	10,2	9,7	9,3	9,2	8,8	8,3	8,1	7,5	7,0	7,1	6,5	5,9	6,4	5,4	4,9	5,1	4,3	3,9	3,4	3,1
350	9,8	9,4	8,9	8,8	8,4	8,0	7,8	7,3	6,8	6,8	6,3	5,7	6,1	5,1	4,7	4,9	4,1	3,8	3,2	2,9
400	9,5	9,1	8,6	8,5	8,2	7,8	7,5	7,0	6,6	6,6	6,1	5,5	5,9	5,0	4,6	4,7	4,0	3,6	3,1	2,9
500	8,9	8,5	8,1	8,0	7,6	7,2	7,0	6,5	6,1	6,1	5,6	5,1	5,5	4,6	4,2	4,4	3,7	3,4	2,9	2,6
600	8,3	7,9	7,5	7,5	7,1	6,8	6,5	6,1	5,7	5,7	5,3	4,8	5,1	4,3	3,9	4,1	3,5	3,1	2,7	2,5
700	7,7	7,3	7,0	6,9	6,6	6,3	6,1	5,7	5,3	5,3	4,9	4,4	4,7	4,0	3,6	3,8	3,2	2,9	2,5	2,3
800	7,1	6,8	6,5	6,4	6,1	5,8	5,6	5,2	4,9	4,9	4,5	4,1	4,4	3,7	3,4	3,5	3,0	2,7	2,3	2,1

——— Kostenwert (Beförderungspreis) des Lastkraftwagens 8 Rpf. für 1 tkm.

einen oder anderen Verkehrsmittels durch die Verfrachter sind diese Aufwendungen beim Schienenverkehr zuzuschlagen und beim Lastkraft- wagenverkehr wegzulassen, da sie in der Regel nur beim Eisenbahntransport anfallen. Der Lastkraftwagen vermag Beförderungsaufträge so zu erfüllen, daß die Werkhöfe des Absenders und Empfängers jeweils als Güterbahnhöfe angesehen werden können. Diese Verkehrsbedienung ist auch bei einer Schienenbahn dann gegeben, wenn Absender und Empfänger über Anschlußgleise verfügen. Immerhin ist auch dann die Verkehrsbedienung beim Schienentransport nicht so einfach wie beim Lastkraftwagenverkehr. Der vom Absender in seinem Werkhof zu beladene Eisenbahnwagen kann, wie schon darauf hingewiesen, erst nach mehreren Verschubbewegungen dort aufgestellt und muß dann mit

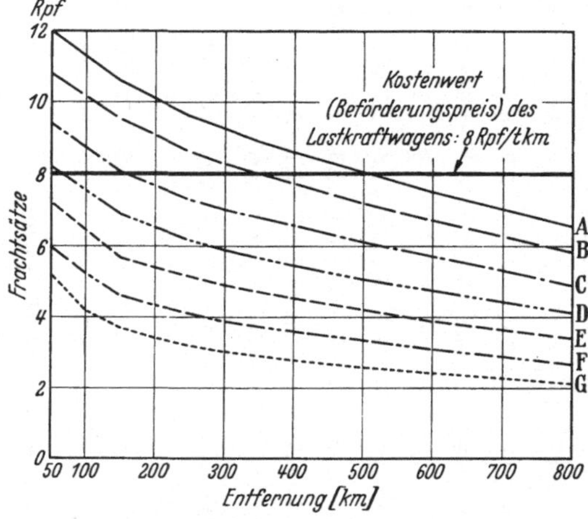

Abb. 9. Frachtsätze der verschiedenen Tarifklassen der Deutschen Reichsbahn für 1 tkm auf Entfernungen bis zu 800 km und Leistungsgrenzen des gewerblichen Güterfernverkehrs bei einem mittleren Kostenwert (Beförderungspreis) von 8 Rpf. für 1 tkm.

den auf dem zweiten, dritten, vierten Werkhof beladenen Wagen abgeholt werden, um schließlich auf dem Abgangsbahnhof, vorausgesetzt, daß auf diesem genügend Gütermengen anfallen, zu einem Güterzug zusammengestellt zu werden. Ähnlich, nur im umgekehrten Sinne, muß auf dem Empfangsbahnhof bei Überführung der Güterwagen auf die Anschlußgleise der Empfänger verfahren werden. Die Kosten der Überführung der Eisenbahnwagen nach und von den Anschlußgleisen sind beträchtlich, ja um ein Vielfaches höher als die Aufwendungen der Lastzüge, um etwa von der Stadtmitte bis zu den Werkhöfen zu fahren. Bei der Lastkraftwagenbeförderung können diese Kosten überhaupt unberücksichtigt bleiben. Sie sind bei der Schienenbahn infolge der vielen Verschubbewegungen noch höher als die ohnehin hohen Kosten ihres Nahverkehrs. Sie werden bei weitem nicht durch die niedrigen Gebühren für die Gleisanschlußbedienung ausgeglichen.

Werden die Sendungen nach und von den Bahnhöfen durch Lastkraftwagen befördert, so sind hierfür im Mittel etwa folgende Beträge zu verrechnen: für Sendungen im Gewicht von 5000 kg 40 Reichspfennig, von 10000 kg 35 Reichspfennig und von 15000 kg 30 Reichspfennig für je 100 kg. Die Verfrachter haben für die genannten Gewichtsmengen zwar nur Gebühren in Höhe von 14, 12 und 10 Reichspfennig für 100 kg zu bezahlen, während die Reichsbahn die Unterschiede durch Zuschüsse an die Rollfuhrunternehmer und Spediteure begleicht. Bei einem Wirtschaftsvergleich zweier Verkehrsmittel müssen jedoch die bei ihnen tatsächlich entstehenden Aufwendungen gegenübergestellt werden. Rechnet man die Aufwendungen für die An- und Abfuhr der Güter den Frachtsätzen der Reichsbahn hinzu, so ergeben sich die in der Tab. 12 enthaltenen Frachtaufwendungen des Schienenverkehrs. Wird diesem Gesamtaufwand bei der Schienenbeförderung der Kosten- bzw. Preissatz des gewerblichen Güterfernverkehrs in Höhe von 8 Reichspfennig für ein Tonnenkilometer gegenübergestellt, so ergibt sich je nach der Tarifklasse der Reichsbahn ein größerer oder kleinerer Leistungsbereich des Lastkraftwagens. Dieser Leistungsbereich des gewerblichen Güterfernverkehrs ist in den Abb. 10 und 11 veranschaulicht; in der Abb. 10 sind die Aufwendungen der beiden Verkehrsmittel für ein Tonnenkilometer und in der Abb. 11 für eine Tonne auf Entfernungen bis 800 km dargestellt. Die Leistungsgrenzen des Lastkraftwagens liegen nunmehr

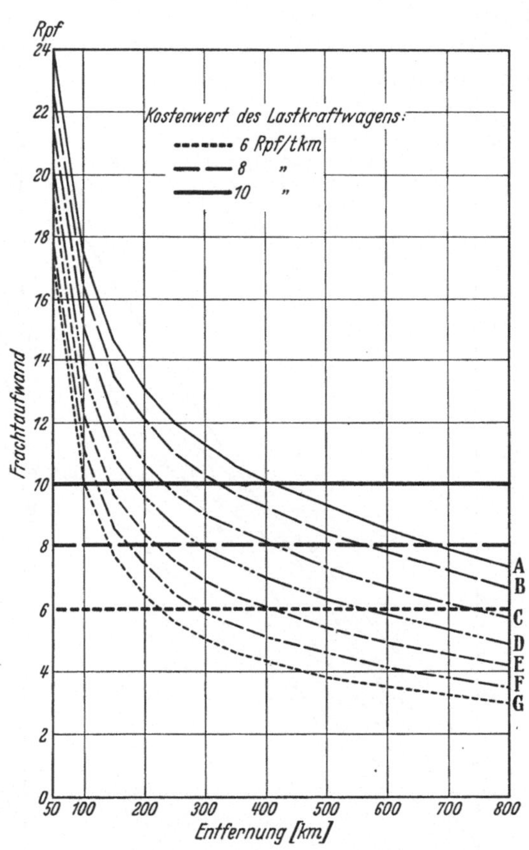

Abb. 10. Frachtsätze der verschiedenen Tarifklassen der Deutschen Reichsbahn einschl. der Aufwendungen für die An- und Abfuhr der Güter für 1 tkm auf Entfernungen bis zu 800 km und Leistungsgrenzen des gewerblichen Güterfernverkehrs bei Kostenwerten (Beförderungspreisen) von 6, 8 und 10 Rpf. für 1 tkm.

bei der Tarifklasse A 5 bei 800 km,
bei der Tarifklasse C 10 bei 400 km,
bei der Tarifklasse E 10 bei 250 km
und bei den Tarifklassen F und G 10 bei 150 km.

Die Zurechnung der Aufwendungen für die An- und Abfuhr der Güter zu den Eisenbahnfrachtsätzen hat den Leistungsbereich des Lastkraftwagens im Vergleich zu den reinen Eisenbahnfrachtsätzen bei Gütern der Klassen A 5 um 200 km, der Klasse C 10 um 200 km und der Klasse

E 10 um 200 km, also je um 200 km erweitert, und in den Klassen F und G 10 ist eine Leistungsfähigkeit bis 150 km eingetreten. Die Leistungsgrenzen des Lastkraftwagens erweitern oder verengen sich, wenn sein Kosten- bzw. Preissatz niedriger oder höher wird. Dies geht ebenfalls aus der Tab. 12 hervor, in der auch die Leistungsgrenzen des gewerblichen Güterfernverkehrs bei Kostenwerten von 6 und 10 Reichspfennig für ein Tonnenkilometer eingezeichnet sind. Bei einem Kostenwert des Lastkraftwagens von 6 Reichspfennig für ein Tonnenkilometer erweitern sich seine Leistungsgrenzen in den Klassen A 5—C 10 bis über 800 km, bei der Klasse E 10 auf 500 km, bei den Klassen F und G 10 auf 250 km. Bei einem Kostenwert des Lastkraftwagens von 10 Reichspfennig für ein Tonnenkilometer verengen sich seine Leistungsgrenzen bei der Klasse A 5 auf 500 km, bei der Klasse C 10 auf 250 km, bei der Klasse E 10 auf 150 km und bei den Klassen F und G 10 auf 100 km.

Bei den bisherigen Betrachtungen und Vergleichen ist von durchschnittlichen Kosten bzw. Preisen des Lastkraftwagenverkehrs ausgegangen worden, während für die Schienenbeförderung abgestufte

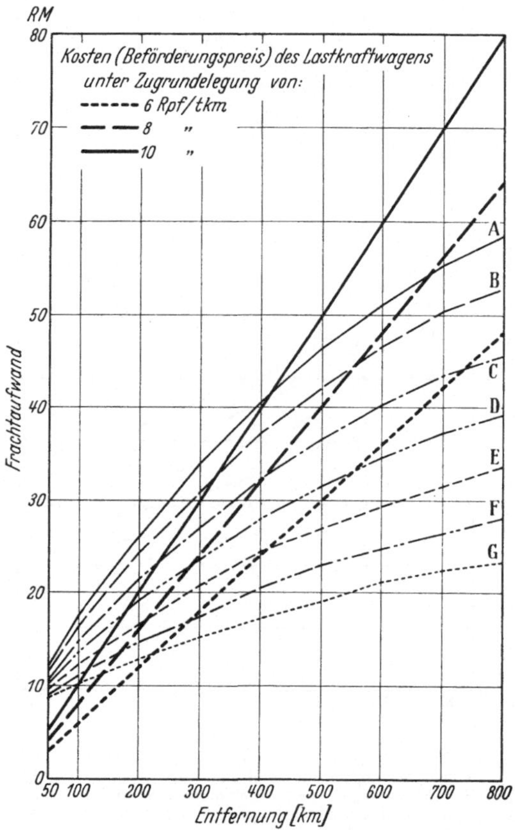

Abb. 11. Frachten für eine Tonne Güter auf Grund der verschiedenen Tarifklassen der Deutschen Reichsbahn einschl. der Aufwendungen für die An- und Abfuhr der Güter und Kosten (Beförderungspreise) des gewerblichen Güterfernverkehrs auf Entfernungen bis zu 800 km.

Preise, die Frachtsätze des Regeltarifs der Reichsbahn, zugrunde gelegt worden sind. Die Beförderungspreise können jedoch beim Lastkraftwagenverkehr ebenfalls abgestuft werden (s. Kapitel 5 und 6). Der Reichskraftwagentarif enthält ja auch abgestufte Frachtsätze, die zwar die Sätze der Reichsbahn sind und die aus Wettbewerbsgründen übernommen werden mußten. Diese Frachtsätze sind nicht aus wirtschaft-

Tabelle 12. Frachtsätze der Deutschen Reichsbahn einschließlich der Aufwendungen für die An-- und Abfuhr der Güter für 1 tkm in Reichspfennigen auf Entfernungen bis zu 800 km
und
Leistungsgrenzen des gewerblichen Güterfernverkehrs bei Kostenwerten (Beförderungspreisen) von 6, 8 und 10 Rpf. für 1 tkm.

Auf Ent-fernung. von km	Klassen																			
---	A5	A10	A	B5	B10	B	C5	C10	C	D5	D10	D	E5	E10	E	F5	F10	F	G10	G
50	29,2	26,6	24	27,8	25,4	22,8	26,8	24,0	21,4	25,8	23,0	20,2	25,4	22,0	19,2	23,8	20,6	18,0	19,8	17,2
75	23,4	21,3	19,5	22,2	20,2	18,4	20,8	18,8	16,8	19,6	17,6	15,5	18,8	16,2	14,3	17,6	15,2	13,3	14,1	12,4
100	20,8	19,2	17,6	19,6	17,0	16,5	18,2	16,5	14,9	17,1	15,4	13,6	16,3	14,0	12,4	14,8	12,7	11,2	11,6	10,2
150	17,0	15,8	14,6	15,8	14,7	13,5	14,6	13,4	12,1	13,6	12,2	10,9	12,8	11,0	9,7	11,4	9,8	8,6	8,8	7,7
200	15,1	14,1	13,1	14,0	13,0	12,1	12,9	11,8	10,7	11,8	10,7	9,6	11,0	9,5	8,4	9,7	8,3	7,4	7,3	6,5
250	14,3	12,9	12,0	12,7	11,9	11,0	11,6	10,6	9,7	10,6	9,6	8,6	9,8	8,4	7,5	8,6	7,3	6,5	6,4	5,6
300	12,9	12,0	11,3	11,9	11,1	10,3	10,8	9,8	9,0	9,8	8,8	7,9	9,1	7,7	6,9	7,8	6,6	5,9	5,7	5,1
350	12,1	11,4	10,6	11,1	10,4	9,7	10,1	9,3	8,5	9,1	8,3	7,4	8,4	7,1	6,4	7,2	6,1	5,5	5,2	4,6
400	11,5	10,9	10,1	10,5	10,0	9,3	9,5	8,8	8,1	8,6	7,9	7,0	7,9	6,8	6,1	6,7	5,8	5,1	4,9	4,4
500	10,5	9,9	9,3	9,6	9,0	8,4	8,6	7,9	7,3	7,7	7,0	6,3	7,1	6,0	5,4	6,0	5,1	4,6	4,3	3,8
600	9,6	9,1	8,5	8,8	8,3	7,8	7,8	7,3	6,7	7,0	6,5	5,8	6,4	5,5	4,9	5,4	4,7	4,1	3,9	3,5
700	8,8	8,3	7,9	8,0	7,6	7,2	7,2	6,7	6,2	6,4	5,9	5,3	5,8	5,0	4,5	4,9	4,2	3,8	3,5	3,2
800	8,1	7,7	7,3	7,4	7,0	6,6	6,6	6,1	5,7	5,9	5,4	4,9	5,4	4,6	4,2	4,5	3,9	3,5	3,2	2,9

——————— Kostenwert (Beförderungspreis) des Lastkraftwagens 6 Rpf. für 1 tkm.

————— Kostenwert (Beförderungspreis) des Lastkraftwagens 8 Rpf. für 1 tkm.

------------- Kostenwert (Beförderungspreis) des Lastkraftwagens 10 Rpf. für 1 tkm.

lichen Erwägungen des gewerblichen Güterfernverkehrs gebildet worden. Der Lastkraftwagenunternehmer vermag wie die Reichsbahn aus den hohen Einnahmen der oberen Klassen Beförderungsleistungen auszuführen, die unter dem durchschnittlichen Kostensatz des Lastkraftwagens liegen. Es ist beispielsweise nicht so, wie der Tab. 12 zu entnehmen wäre, daß der Lastkraftwagen bei einem Kostensatz von 8 Reichspfennig für ein Tonnenkilometer Beförderungsleistungen nach den Tarifsätzen der Klasse F nur bis auf eine Entfernung von 150 km ausführen kann. Bei einer Abstufung der Frachtsätze des gewerblichen Güterfernverkehrs werden die Leistungsgrenzen des Lastkraftwagens für Güter der unteren Tarifklassen erheblich erweitert, weil er aus den überdurchschnittlichen Einnahmen bei der Beförderung von Gütern der oberen Klassen unterdurchschnittliche Einnahmen bei den unteren Klassen ertragen kann. Die Reichsbahn vermag die Güter zu den niedrigen Frachtsätzen der Klasse F auch nur zu befördern, weil sie überdurchschnittliche Einnahmen aus den hohen Frachtsätzen der oberen Klassen erzielt. Es muß eben der in den Kapiteln 5 und 6 geschilderte Stufenausgleich vorgenommen werden. Wird beim Lastkraftwagenverkehr von einem Kosten- bzw. Preissatz von 8 Reichspfennigen für ein Tonnenkilometer ausgegangen, so wäre seine Leistungsgrenze nach den Zahlenwerten der Tab. 12 bei der mittleren Tarifklasse D ungefähr bei 300 km. Dies bedeutet, daß der gewerbliche Güterfernverkehr auf der Landstraße auf Grund seiner Kosten Beförderungspreise zu erstellen vermag, die etwa dem Mittelwert der Frachtsätze des Regeltarifs der Reichsbahn entsprechen. Aus diesem Sachverhalt ist schon zu erkennen, daß von dem Gesichtspunkt der Kostenhöhe des Lastkraftwagenverkehrs sein Leistungsvermögen nicht bei Gütern der Klasse D zu Ende ist, sondern auch in die unteren Klassen reicht, und zwar auf weitere Entfernungen als auf Grund der durchschnittlichen Kostenhöhe angezeigt wurde. Die Leistungsgrenzen des gewerblichen Güterfernverkehrs sind weiter oder enger: je nach der Höhe seiner Kosten, je nach dem Anfall an Gütern der oberen oder unteren Klassen und je nach der Höhe des Gesamtaufwandes bei der Schienenbeförderung.

Bei dieser Betrachtung ist außerdem die einfache wirtschaftliche Überlegung zu beachten, daß es für einen Unternehmer wirtschaftlicher ist, wenn er für die Rückladung einen unterdurchschnittlichen Kostensatz als Beförderungspreis erzielt als tagelang auf Ladung warten oder ohne Ladung zurückfahren zu müssen. Der Rückladung in diesem Sinne entspricht ein Beförderungsauftrag von einem Empfangsort nach einem Ausgangsort wie von einem Ausgangsort nach einem Empfangsort. Hat nämlich ein Unternehmer ohne Ladung zu einem entfernt gelegenen Ausgangsort zu fahren, um eine Ladung nach seinem Standort oder nach einem anderen Empfangsort zu befördern, so gleicht diese Hinfahrt einer Rückfahrt für eine vorausgegangene Verkehrsleistung. Der Einfachheit halber soll unter dem Begriff Rückfahrt stets die Leistung verstanden werden, die als Leerfahrt anzusprechen ist.

Wesentlich verschieden hiervon ist die Sachlage bei einer Eisenbahn auch nicht. Könnten Eisenbahnwagen nur in einer Richtung oder nur mit Gütern der unteren Klassen beladen werden, so gäbe es auch für eine Schienenbahn keine Wirtschaftlichkeit. Die Wirtschaftlichkeit einer Eisenbahn bedarf ebenfalls Frachteinnahmen für die sog. Rückfahrten oder aus Gütersendungen der oberen Klassen. Mag auch durch die geringeren Aufwendungen eines Eisenbahnwagens im Vergleich zu einem Lastzug die Schienenbahn bei diesen Verhältnissen eine etwas günstigere Stellung einnehmen, im allgemeinen besteht jedoch die gleiche Sachlage für beide Verkehrsmittel. — Bei den in dieser Arbeit verwendeten Kostensätzen sind die Leerfahrten in den höheren Aufwendungen bei schwacher Auslastung zum Teil eingerechnet.

Tabelle 13. Bewegliche Kosten für Diesellastkraftwagen bei voller und halber Auslastung.

	Nutzlast	Kosten für ein Fahrzeugkilometer	Kosten für ein Tonnenkilometer bei einer Auslastung von	
			100%	50%
	t	Rpf.	Rpf.	Rpf.
Zugwagen . .	3	14,2	4,7	9,4
	5	23,8	4,7	9,5
	6,5	30,0	4,6	9,2
Erster Anhänger . .	3	4,0	1,3	2,6
	5	6,5	1,3	2,6
	7	8,2	1,2	2,3
Zweiter Anhänger . .	3	4,0	1,3	2,6
	5	6,5	1,3	2,6
	7	8,2	1,2	2,3

Bei der preispolitischen Beurteilung der Rückladungen ist von der Höhe der beweglichen Kosten auszugehen. Sinngemäß früherer Ausführungen (s. Kap. 5 u. 6) darf hier gefolgert werden: Können die beweglichen Kosten für eine Rückfahrt durch irgendeinen Beförderungsauftrag gedeckt werden, so ist es auf alle Fälle wirtschaftlicher, den Beförderungsauftrag zu diesen Kosten auszuführen als auf die Rückladung zu verzichten. In der Tab. 13 sind die beweglichen Kosten für Lastzüge bei voller und halber Auslastung aufgezeigt. Diese Kosten sind Bestandteil der in den Tab. 9 und 10 genannten gesamten Kosten. Werden wie bei den gesamten Kosten der Tab. 10 mit einem Zugwagen jeweils ein bzw. zwei Anhänger von gleicher Tragfähigkeit wie der des Zugwagens verbunden, so ergeben sich folgende Kostenwerte für ein Tonnenkilometer (s. Aufstellung S. 60.)

Bei den beweglichen Kosten ist also mit Werten von 2,3 bis 6 Reichspfennig für ein Tonnenkilometer zu rechnen. In der Abb. 12 sind diese Kostenwerte veranschaulicht. Wird von dem oberen Wert von 6 Reichspfennig ausgegangen, so entspricht dieser dem in der Tab. 12 und in den Abb. 10 und 11 eingesetzten unteren Wert für die Gesamtkosten,

Bei Auslastung von	100 % Rpf.	50 % Rpf.[1]
Zugwagen von 3 t und 1 Anhänger von 3 t . . .	3,0	6,0
„ „ 5 t und 1 „ „ 5 t . . .	3,0	6,0
„ „ 6,5 t und 1 „ „ 7 t . . .	2,9	5,7
Zugwagen von 3 t und 2 Anhänger von 3 t . . .	2,4	4,9
„ „ 5 t und 2 „ „ 5 t . . .	2,4	4,9
„ „ 6,5 t und 2 „ „ 7 t . . .	2,3	4,6

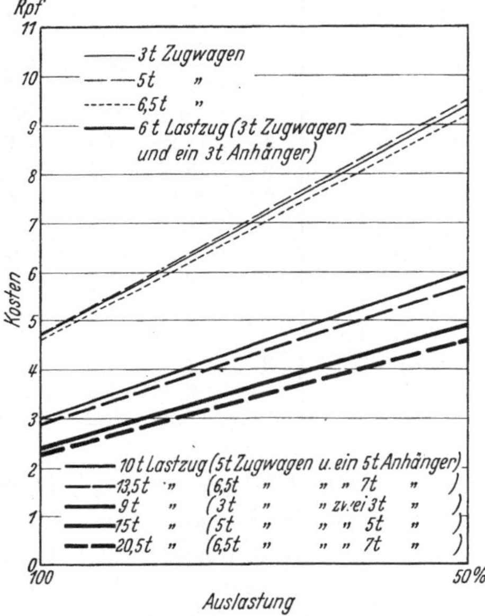

Abb. 12. Bewegliche Kosten für ein Tonnenkilometer von Lastzügen verschiedener Größe bei voller und halber Auslastung.

wobei sich dann auch die gleichen Leistungsgrenzen, wie dort vermerkt, ergeben. Wird von dem unteren Grenzwert in Höhe von 2,3 Reichspfennig für ein Tonnenkilometer ausgegangen und dieser Betrag mit dem in der Tab. 12 verzeichneten Beförderungsaufwand bei Schienenverfrachtung verglichen, so ist zu erkennen, daß der Lastkraftwagen Verkehrsleistungen für Güter aller Tarifklassen und auf alle Entfernungen auszuführen vermag. Der Kostenwert von 2,3 Reichspfennig für ein Tonnenkilometer ist durchweg niedriger als die in der Tab. 12 aufgeführten Aufwandsbeträge bei Schienenbeförderung. Selbst bei einem Vergleich mit den reinen Frachtsätzen der Reichsbahn in der Tab. 11 ist dieser Kostenwert mit Ausnahme der Frachtsätze der Klasse G auf 800 und mehr Kilometer durchweg niedriger. Bei preispolitischen Erwägungen für Rückladungen ist es sogar richtiger, wenn bei der Preisfestsetzung für solche Leistungen nicht einmal die beweglichen Kosten zugrunde gelegt werden, denn es ist für einen Unternehmer immer noch wirtschaftlicher, mit einer Rückladung einen Teil der beweglichen Kosten zu decken, als überhaupt keine Kostendeckung zu erzielen. Dieser wirtschaftliche Tatbestand erhärtet, was schon für den unteren Kostenwert (Gesamtkosten) des Lastkraftwagenverkehrs ausgeführt wurde, daß dieses Verkehrsmittel

---

[1] Auf- und Abrundungen ergeben nicht jeweils die doppelten Beträge der für eine Auslastung von 100% errechneten.

Güter sämtlicher Tarifklassen und auf alle Entfernungen zu befördern vermag und daß eine Beschränkung auf eine Anzahl Klassen wirtschaftlich höchst beeinträchtigend für den gewerblichen Güterfernverkehr ist.

In diesem Zusammenhang ist zu berücksichtigen, daß das Fahrwerk eines Lastkraftwagens bei Leerfahrten auf schlechten Straßen stärker beansprucht wird als wenn das Fahrzeug beladen ist. Untersuchungen haben gezeigt, daß bei Leerfahrten auf schlechten Straßen starke Stöße auftreten, die sich insbesondere auf die Federung, das Fahrgestell und die Pritsche des Fahrzeugs auswirken. Bei solcher Sachlage ist es für einen Unternehmer zweifelsohne günstiger, eine Ladung selbst zu einem niedrigsten Entgelt zu erhalten als unbeladen zurückfahren zu müssen.

So paradox es klingt, betriebsökonomisch ist es doch richtig, daß bei gewissen Verkehrsleistungen des gewerblichen Güterfernverkehrs die Tarifklassen A—G der Reichsbahn noch nicht einmal ausreichen und ein Bedürfnis nach weiteren Tarifklassen besteht. Es soll damit nicht eine Forderung für den gewerblichen Güterfernverkehr nach weiteren Tarifklassen als die bei der Reichsbahn bestehenden ausgesprochen sein, sondern nur auf das betriebökonomische Bedürfnis des Lastkraftwagens hingewiesen werden, für gewisse Verkehrsakte mit möglichst niedrigen Beförderungspreisen aufwarten zu können. Dies gilt natürlich auch für die Reichsbahn, wenn auch im geringeren Maße, da diese durch die Erstellung von Ausnahmetarifen über den Regeltarif hinausgehen kann. Die Reichsbahn befriedigt solche Bedürfnisse auch schon in weitgehendem Umfang durch Ausnahmetarife mit niedrigsten Frachtsätzen.

Die Ausführungen dieses Kapitels gelten sinngemäß auch für die Ausnahmetarife der Reichsbahn, zumal die meisten Ausnahmetarife sich vom Regeltarif hauptsächlich darin unterscheiden, daß ihre Frachtsätze wirtschaftliche Bedürfnisse besonders berücksichtigen. Vom betriebsökonomischen Gesichtspunkt aus besitzt der gewerbliche Güterfernverkehr ebenfalls einen Anspruch auf Beförderung von Gütern nach Ausnahmetarifen; dies um so mehr, als die Frachtsätze eines Teils der Ausnahmetarife denen der oberen Tarifklassen nahekommen und über die Hälfte der Beförderungsmenge der Reichsbahn zu Ausnahmetarifen abgefertigt wird. Wenn auch im gewerblichen Güterfernverkehr kein Bedürfnis für den größeren Teil der Reichsbahnausnahmetarife besteht, so haben die praktischen Erfahrungen seit der Übernahme der 85 Ausnahmetarife durch diesen Verkehr doch gezeigt (s. S. 48), daß diese für ihn noch nicht ausreichen und daß das Bedürfnis für einige weitere Ausnahmetarife so stark ist wie für viele der zugebilligten.

Wurde in den vorangegangenen Erörterungen mehr die Güterklassen- (horizontale) Staffel betrachtet, so soll jetzt noch kurz der Einfluß der Entfernungs- (vertikalen) Staffel auf das Verhältnis von Eisenbahn und Kraftwagen besprochen werden. Vorauszuschicken ist die schon an früherer Stelle gemachte Feststellung (s. Kap. 7), daß eine Schienenbahn kostenmäßig von der Entfernung unabhängiger ist als der Lastkraftwagenverkehr. Die Aufwendungen des Lastkraftwagenverkehrs nehmen im allgemeinen mit der Entfernung in gleichem Umfange zu, ja unter Umständen wachsen sie noch stärker als die Entfernung, während die Gesamtkosten einer Schienenbahn, ja selbst ihre Streckenkosten auf eine Entfernungseinheit in nahen Entfernungen sehr hoch sind, dann aber mit der Entfernung mehr und mehr abnehmen. Bei dem Tarifsystem der Reichsbahn, in dem für die nahen Entfernungen verhältnismäßig sehr hohe Frachtsätze und für die weiten Entfernungen verhältnismäßig sehr niedrige Frachtsätze bestehen, erzielt der Lastkraftwagen auf nahe Entfernungen einen verhältnismäßig großen Ertrag, der die niedrigen Einnahmen in den weiten Entfernungen tragbar macht.

Wurde bei der Besprechung des Einflusses der Güterklassenstaffel zum Ausdruck gebracht, daß es dem Lastkraftwagen wie der Reichsbahn möglich sei, aus den höheren Einnahmen bei Beförderung von Gütern der oberen Klassen gleichzeitig Güter zu den niedrigen Frachtsätzen der unteren Klassen zu fahren, so bedeutet dies jetzt, daß Eisenbahn wie Lastkraftwagen auch die niedrig tarifierenden Güter auf weitere Entfernungen zu befördern vermögen als den durchschnittlichen Kosten entsprechen würde. Wurde durch die Vergleichsberechnung (s. S. 55) z. B. festgestellt, daß der gewerbliche Güterfernverkehr bei einem Kostenwert von 8 Reichspfennig für ein Tonnenkilometer Güter der Klasse A5 bis zu 800 km und Güter der Klasse F bis zu 150 km befördern kann, so erlauben die Einnahmen aus der Klasse A5, daß der Lastkraftwagen Verkehrsleistungen zu den Frachtsätzen der Klasse F auf eine Entfernung von mehr als 150 km ausführen kann. Der Lastkraftwagen kann natürlich nicht wie die Reichsbahn die niedrig tarifierenden Rohstoffe und Massengüter in dem gleichen Umfang auf weite Entfernungen befördern. Die Schienenbahn ist für solche Verkehrsleistungen zweifelsohne überlegen. Auch ist der Ausgleich in den Einnahmen bei der Beförderung von Gütern der oberen und unteren Tarifklassen auf nahe und weite Entfernungen der Reichsbahn als einzigem Schienengroßbetrieb viel eher möglich als den vielen selbständigen kleinen Unternehmern des gewerblichen Güterfernverkehrs.

Bei der Kostenhöhe auf die verschiedenen Entfernungsweiten ist auch zu beachten, daß, wenn der Lenker eines Lastzuges in Ausführung einer Verkehrsleistung nicht am gleichen Tage an den Ausgangsort zurückkehren kann, Aufwendungen für die Übernachtung entstehen. Diese Aufwendungen sind in den Kostenberechnungen berücksichtigt und mußten berücksichtigt werden, da durch die Organisation des gewerblichen Güterfernverkehrs Übernachtungen außerhalb des Heimatortes immer mehr zur Regel werden. Der umfangreiche Verkehr über die Laderaumverteilungsstellen des Reichs-Kraftwagen-Betriebsverbandes bewirkt, daß Lastzugführer oft erst nach Wochen wieder in ihrem Heimatort eintreffen. Ist z. B. eine Beförderungsleistung von Stuttgart nach Berlin auszuführen, so liegt häufig in Berlin nicht ein entsprechender Beförderungsauftrag nach Stuttgart vor, sondern der Fahrzeugführer hat unter Umständen in Berlin nur die Möglichkeit, nach Hannover, dann nach Essen, Köln, Mannheim und nach anderen Orten zu fahren, bis er dann endlich eine Ladung nach seiner Heimat erhält.

Bei der Kostenbewegung ist ferner zu beachten, daß im Lastkraftwagenverkehr die Aufwendungen für Fahrten auf Entfernungen von 60, 80 und 100 km höher sein können als auf größere Entfernungen. In solchen Verkehrsbeziehungen kommen Beförderungsmengen häufig nur in einer Richtung auf, so daß die andere Richtung ohne Ladung befahren werden muß.

Die unterschiedliche Preisbildung je nach der Art des Gutes und je nach der Entfernungsweite ist eine Erscheinung, die im verwandten Sinne bei allen Betrieben, die außer dem Haupterzeugnis auch Nebenerzeugnisse herstellen, anzutreffen ist. Entstehen bei der Verkokung der Kohle neben Koks auch Rohgas, Rohteer, Benzole, Ammoniak u. a., so war schon lange die Gewinnung der Nebenerzeugnisse der erste Schritt zu einer wirtschaftlichen Ausbeutung der Steinkohle. Die Nebenerzeugnisse ermöglichen, daß der Preis für das Haupterzeugnis niedriger als ohne die Gewinnung der Nebenerzeugnisse gehalten werden kann. Andererseits ist es hier auch möglich, daß z. B. für den Rohteer ein unter den unmittelbaren Kosten sich bewegender Preis und für Ammoniak ein weit über den durchschnittlichen Kosten liegender Preis festgesetzt wird. Solche Beispiele unterschiedlicher Preisbildung könnten verhundertfacht werden.

Zusammenfassend ist zu sagen, daß die Höhe und Gestaltung der Kosten des gewerblichen Güterfernverkehrs im Hinblick auf das Eisenbahntarifsystem den Unternehmern dieses Verkehrs gestatten, den Regeltarif der Reichsbahn in vollem Umfange zu übernehmen. Auf die weiten Entfernungen und für die niedrig tarifierenden Massengüter besteht eine Überlegenheit der Reichsbahn, auf die nahen und mittleren Entfernungen ist der gewerbliche Güterfernverkehr, sofern es sich nicht um Massengüter handelt, je nach der Verkehrsbeziehung überlegen oder ein gleichleistungsfähiges Verkehrsglied.

d) Betriebsökonomische Einsicht und verkehrspolitische Entscheidungen.

Die Ausführungen des letzten Kapitels haben gezeigt, daß auf Grund des betriebsökonomischen Sachverhalts im gewerblichen Güterfernverkehr diesem Verkehrszweig über die Tarifklassen A—D hinaus auch die Klassen E—G sowie weitere Ausnahmetarife zuzuteilen sind[1]. Eine Beschränkung der Lastkraftwagenunternehmer auf die Güterklassen A—D bedeutet eine erhebliche Beeinträchtigung ihres wirtschaftlichen Betriebes. Es entsteht nun die Frage: Kann die betriebsökonomische Einsicht zu entsprechenden verkehrspolitischen Entscheidungen führen? Um diese Frage zu beantworten, müssen die im Zusammenhang damit stehenden volks- und gemeinwirtschaftlichen[2] Belange erörtert werden. Die zur Entscheidung hierüber zuständige Stelle, das Reichsverkehrsministerium, muß sich hierbei in erster Linie von dem Gesichtspunkt der Bildung richtiger und gesunder Beförderungspreise leiten lassen. Richtige und gesunde Beförderungspreise sind aber schon volks- und gemeinwirtschaftlich, weil sie die sozialen Zusammenhänge einer Volksgemeinschaft beeinflussen.

Bei Aufstellung eines Tarifsystems für den gewerblichen Güterfernverkehr ist es insbesondere erforderlich, daß hierbei die Eigenart dieses Verkehrs soweit wie möglich berücksichtigt wird. So wenig man zwei verschiedene Zugtiere, etwa ein Pferd und einen Ochsen, gleichbehandeln kann, ebensowenig ist dies bei zwei verschiedenen Verkehrsmitteln wie Eisenbahn und Kraftwagen möglich. Mit der Forderung der Bildung eines der Eigenart des Lastkraftwagens als zwischenörtliches, öffentliches Verkehrsmittel entsprechenden Tarifsystems ist noch nicht gesagt, daß ein solches Tarifsystem von einem Jahr auf das nächste erstellt werden soll. Notwendig ist aber, daß die bei der Verkehrsbedienung durch den Lastkraftwagen aufgetretenen besonderen Eigenheiten bald in seinem Tarifsystem Ausdruck finden. Dies verlangen das Lebensbedürfnis des gewerblichen Güterfernverkehrs wie die verkehrswirtschaftlichen Belange der deutschen Volkswirtschaft.

Wird vorläufig an dem allgemeinen Aufbau des Reichsbahntarifsystems für den gewerblichen Güterfernverkehr festgehalten, dann entsteht für das Reichsverkehrsministerium die wichtige Frage: Fordern die Verhältnisse der gesamten deutschen Wirtschaft, daß dem gewerblichen Güterfernverkehr die Eisenbahntarifklassen E—G und weitere Ausnahmetarife zugeteilt werden?

---

[1] Der Stückgutverkehr kann hier außer Betracht bleiben, da er in dem Verhältnis Schiene—Landstraße ohne erhebliche Bedeutung ist und seine Frachten und Frachtsätze vom gewerblichen Güterfernverkehr uneingeschränkt beansprucht werden können.

[2] Unter „volkswirtschaftlich" verstehen wir die wirtschaftlichen Zusammenhänge in einer Gesamtwirtschaft, unter „gemeinwirtschaftlich" die darüber hinausgreifenden sozialen Zusammenhänge in einer Volksgemeinschaft. So ist z. B. das Tarifsystem der Reichsbahn vorwiegend volkswirtschaftlich und darüber hinaus auch gemeinwirtschaftlich; eine Anzahl Tarifbestimmungen und Ausnahmetarife wie die frachtfreie Beförderung von Sendungen für das Winterhilfswerk sind rein gemeinwirtschaftlicher Art.

Diese Frage ist neben der Erstellung eines der Eigenart des gewerblichen Güterfernverkehrs entsprechenden Tarifsystems von nächstwichtiger Bedeutung. Es sind mit ihr die wirtschaftlichen Belange der vielen tausend Lastkraftwagenunternehmer, dann die der anderen Verkehrsmittel, insbesondere die der Reichsbahn verknüpft, und schließlich wird die gesamte deutsche Wirtschaft von der Entscheidung in dieser Frage beeinflußt. Unzweifelhaft steht fest und ist wiederholt nachgewiesen worden, daß eine Überweisung der Güterklassen E—G und weiterer Ausnahmetarife günstig für die Lastkraftwagenunternehmer wie für das Wirtschaftsleben ist. Es fragt sich nur, wie sich eine solche Maßnahme auf die anderen Verkehrsmittel, also insbesondere auf die Reichsbahn, auswirkt und ob hierdurch Rückwirkungen auf die deutsche Volkswirtschaft eintreten. Eine Überweisung der Güterklassen E—G (das Folgende gilt in gleicher Weise für die Zubilligung einiger weiterer Ausnahmetarife) an den gewerblichen Güterfernverkehr würde eine Abwanderung weiterer Gütermengen von der Schiene auf die Landstraße zur Folge haben. Die Reichsbahn würde einen Teil ihrer auf die Güter der Klassen E—G entfallenden Verkehrsmenge verlieren, aber auch weitere Verkehrsleistungen für Güter der oberen Klassen, weil selbst hoch tarifierende Güter mitunter mit Lastkraftwagen nur dann befördert werden, wenn von diesem Verkehrsmittel gleichzeitig die niedrig tarifierenden Güter zu ihren billigen Reichsbahnfrachtsätzen übernommen werden. Die weitere Abwanderung von hoch tarifierenden Gütern von der Schiene auf die Landstraße würde aber in einem durchaus erträglichen Umfang bleiben.

Es wäre nun zu prüfen, ob eine weitere Verkehrsabwanderung für die Wirtschaftlichkeit der Reichsbahn eine Gefahr bedeutet. Es ist von anderer Seite festgestellt worden, daß der Verkehrsumfang des gewerblichen Güterfernverkehrs nur etwa 1,5% des Reichsbahngüterverkehrs beträgt. Würde dieser Anteil selbst auf das Doppelte aufsteigen, sich also auf 3% erhöhen, so wäre offensichtlich für die Reichsbahn immer noch keine wirtschaftliche Gefährdung zu befürchten. Nachdem dem gewerblichen Güterfernverkehr die Güter der Klassen A—D und die hauptsächlichsten Ausnahmetarife zugebilligt worden sind, kann die Reichsbahn durch den gewerblichen Güterfernverkehr nicht mehr wirtschaftlich gefährdet werden, denn die Güter der Klassen A—D sind es ja, die der Reichsbahn die hohen Einnahmen bringen. In der Abb. 5 sind die verhältnismäßigen Mengen und Einnahmen von den einzelnen Tarifklassen des Regeltarifs aufgezeigt worden. Wir haben gesehen, daß im Jahre 1934 etwa die Hälfte (53,1%) der Einnahmen des Wagenladungsverkehrs aus den Klassen A—D und die andere Hälfte (46,9%) aus den Klassen E—G stammt, wobei der Mengenanteil der Klassen A—D 29,1% und der der Klassen E—G 70,9% beträgt. Der Ertrag aus den Verkehrsleistungen der Klasse A—D ist also weit höher als der aus den Klassen E—G. Ferner ist aus der Tab. 14 zu entnehmen, daß die Einnahmen im Wagenladungsverkehr aus den Verkehrsleistungen nach dem Regeltarif 43,05% der Einnahmen von dem gesamten Wagenladungsverkehr betragen. Danach erreichen die Einnahmen der

Tabelle 14. Mengen und Einnahmen des Wagenladungs-verkehrs im Jahre 1935[1].

	Mengen in tausend Tonnen	Mengen-anteil in %	Einnahmen in tausend Reichsmark	Einnahmen in %
Regeltarif	101,8	29,9	745,1	43,05
Ausnahmetarife . .	100,4	29,5	434,1	25,08
Kohlenverkehr nach Ausnahmetarifen .	138,2	40,6	551,5	31,87
Insgesamt:	340,4	100,0	1730,7	100,0

Reichsbahn aus den Klassen E—G nur etwa 20% oder ein Fünftel von den Einnahmen aus dem gesamten Wagenladungsverkehr. Der geringe Umfang des gewerblichen Güterfernverkehrs, gemessen am gesamten Reichsbahnverkehr, und der Anteil der Einnahmen der Reichsbahn aus den Klassen E—G mit ihrem verhältnismäßig geringen Ertrag, gestatten ohne weiteres die Folgerung, daß die Zubilligung der Klassen E—G an den Kraftwagen keinesfalls zu einer wirtschaftlichen Gefahr für die Reichsbahn werden würde. Selbst wenn der gewerbliche Güterfernverkehr einen Verkehrsumfang von 3% des Reichsbahngüterverkehrs erreichen würde, so wäre dies in einem Zeitabschnitt der Motorisierung eines Landes kein bedeutendes und noch viel weniger ein aufregendes Ereignis. Die Abwanderung von Verkehrsmengen von der Schiene auf die Landstraße ist für die Schiene auch kein absoluter Verlust, da sie aus der Entwicklung der Kraftverkehrswirtschaft auch viele Transporte gewinnt. Andererseits enthält der Verkehrsumfang des gewerblichen Güterfernverkehrs Neuverkehr, der nie zuvor auf der Schiene war. Es darf daher gefolgert werden, daß die Verkehrsverhältnisse der Reichsbahn und des gewerblichen Güterfernverkehrs solcher Art sind, daß eine Zubilligung der Klassen E—G an den gewerblichen Güterfernverkehr die Wirtschaftlichkeit der Reichsbahn kaum merkbar beeinflußt.

Wollte man dem gewerblichen Güterfernverkehr die Klassen E—G mit der Begründung vorenthalten, daß er Güter zu den niedrigen Fracht-sätzen dieser Klassen im allgemeinen doch nicht befördern könnte, son-dern nur dazu imstande sei, wenn er auch Aufträge zur Beförderung von

---

[1] Siehe Geschäftsbericht der Deutschen Reichsbahn über das 11. Geschäfts-jahr 1935.

Gütern der Klassen A—D erhalten würde, so wäre darauf zu erwidern, daß er tatsächlich willens ist, niedrig tarifierende Güter in erheblichem Umfang zu befördern. Abgesehen hiervon lehren praktische Erfahrungen, daß Lastkraftwagenbetriebe bei guter Beschäftigung und Auslastung ihrer Fahrzeuge schon allein durch die Beförderung niedrig tarifierender Güter wirtschaftliche Ergebnisse erzielen. Auch eine weitverzweigte Schienenbahn könnte nicht allein von der Beförderung der Massengüter leben, außerdem muß sie beim Transport solcher Güter auf eine gute Ausnutzung ihrer Wagen bedacht sein. Tarifarisch kommt dies bei der Reichsbahn z. B. durch das Fehlen der Fünf-Tonnen-Nebenklasse für die Güter der Hauptklasse G und beider Nebenklassen bei Ausnahmetarifen zum Ausdruck. Naturgemäß ist eine Schienenbahn, wie wiederholt vermerkt, zum Transport der Massengüter im allgemeinen technisch und wirtschaftlich geeigneter als der Lastkraftwagen. Abgesehen von dem betriebsökonomischem Bedürfnis des gewerblichen Güterfernverkehrs nach den Tarifklassen E—G, sollte dieses Verkehrsmittel aus volkswirtschaftlichen Gründen für den Transport der so wichtigen Massengüter und Rohstoffe wie überhaupt für die geringwertigen Güter keine höheren Frachten verlangen, wenn es diese Güter zu den gleichen Frachten wie die Reichsbahn zu befördern vermag. Hätte die Reichsbahn den gewerblichen Güterfernverkehr auf der Landstraße zu betreuen, so müßte sie, wenn sie betriebs- und volkswirtschaftlich handeln wollte, diesem Verkehr ebenfalls die Klassen E—G einräumen.

Bis in die jüngsten Jahre wurde immer wieder behauptet, das Tarifsystem der Reichsbahn wäre gemeinwirtschaftlich und bedürfe deshalb des staatlichen Schutzes gegen dessen Aushöhlung von seiten anderer Verkehrsmittel. Aus früheren und auch aus diesem Kapitel können wir entnehmen, daß ein Tarifsystem zunächst aus betriebsökonomischen Erwägungen verlangt wird. Wir finden Tarifsysteme ähnlich dem der Reichsbahn nicht nur bei allen anderen Eisenbahnen der fremdländischen Staaten, sondern auch schon seit geraumer Zeit bei Kraftverkehrsbetrieben. In der Tab. 15 sind die Güterklassen und Frachtsätze des Lastkraftwagen- und Eisenbahnverkehrs in dem amerikanischen Staate Minnesota festgehalten. Es bestehen für den Lastkraftwagen- wie für den Eisenbahnverkehr je vier Klassen, deren Frachtsätze je nach der Entfernung der Verkehrsbeziehungen auf der Landstraße oder auf der Schiene voneinander abweichen. Auch in anderen amerikanischen Staaten bestehen für den Lastkraftwagen in Tarifklassen abgestufte Frachtsätze. In dem Staate Washington gibt es einen Lastkraftwagentarif mit vier ordentlichen Klassen, die noch dadurch erweitert sind, daß die Frachtsätze für eine Anzahl Güter durch eine Vervielfältigung der Frachtsätze der ersten Klasse zu errechnen sind. Außerdem sind diesem Regeltarif eine Anzahl „commodity tariffs" angeschlossen, die den deut-

Tabelle 15. Güterklassen und Frachtsätze des Lastkraftwagen- und Eisenbahnverkehrs in dem amerikanischen Staate Minnesota im Jahre 1927.

Ausgangsort: St. Paul—Minneapolis.

Bestimmungsort	Entfernung der Lastkraftwagenlinien Meilen	Lastkraftwagenfrachtsätze in Cents für 100 Lbs Klassen				Entfernung der Eisenbahnlinien Meilen	Eisenbahnfrachtsätze in Cents für 100 Lbs Klassen			
		1	2	3	4		1	2	3	4
Princeton .	44	30,5	25	20,5	15,5	55	31,5	26	21	16
Cambridge .	53	33,5	28	22	16	47	30,5	25	20,5	15,5
Fairboult .	61	36,5	30,5	24,5	18,5	54	33,5	28	22	16
St. Cloud .	63	36,5	30,5	24,5	18,5	69	36,5	30,5	24,5	18,5
Owatonna .	77	40,5	34	27,5	20,5	69	38	31,5	25	19
Mankato .	89	43,5	36,5	29,5	22	85	40,5	34	27,5	20,5

schen Ausnahmetarifen entsprechen. Es besteht wohl kein Verdacht, daß sich die amerikanischen Kraftverkehrsgesellschaften bei Erstellung ihrer Tarifsysteme besonders von gemeinwirtschaftlichen Erwägungen leiten ließen. Es ist auch ein offenes Geheimnis, daß die deutschen Lastkraftwagenunternehmer bei ihrem Verlangen nach den Tarifklassen E—G nicht etwa durch gemeinwirtschaftliche Ideale, sondern von rein betriebsökonomischen Gründen bestimmt werden. Daß auch das Tarifsystem der Reichsbahn durch betriebsökonomische Gründe bestimmt worden ist und bestimmt werden muß, wurde des öfteren aufgezeigt und soll jetzt noch in einer anderen Form nachgewiesen werden.

Würde die Reichsbahn einen gleich hohen Frachtsatz für alle Güter erstellen, dessen Höhe etwa den durchschnittlich auf ein Tarifkilometer erzielten Einnahmen von 4,6 Reichspfennigen entsprechen würde, so wäre dieser Frachtsatz nach der Tab. 11 höher als der der Klasse D auf Entfernungen von mehr als 600 km, höher als der der Klasse F auf Entfernungen von mehr als 150 km und höher als der der Klasse G auf Entfernungen von mehr als 50 km. Im Vergleich mit den niedrigen Frachtsätzen der Ausnahmetarife wäre dieser Durchschnittsfrachtsatz meist höher als die Sätze dieser Tarife. Unter der Voraussetzung, daß die Güter in den Verkehrsbeziehungen mit höheren Frachtsätzen als dem Durchschnittssatz durch die Reichsbahn nicht mehr befördert werden könnten, hätte dies zur Folge, daß etwa die Hälfte[1] ihrer Beförderungsleistungen ausfallen würde und deshalb keine festen Kosten mehr übernehmen könnte. Da die gesamten festen Kosten bei einer Schienenbahn unbeschadet des Verkehrsumfanges nahezu immer gleich hoch sind,

---

[1] Der verhältnismäßige Mengenanteil des Kohlen- am Gesamtverkehr (s. Tabelle 14) beträgt allein 40,6%; rechnet man hierzu nur ein Drittel des Verkehrs nach Ausnahmetarifen mit 10% und ein Viertel des Verkehrs nach dem Regeltarif mit 7,5% hinzu, so ergibt sich ein Gesamtmengenanteil von 58,1%.

hätten die übrigbleibenden Verkehrsleistungen auch die festen Kosten der ausgefallenen zu übernehmen, was zu einer Erhöhung der Frachtsätze und zu einem weiteren Ausfall an Verkehrsmengen führen müßte. Hieraus ist ebenfalls zu ersehen, daß betriebsökonomische Belange einen Güterklassentarif verlangen. Der Ausfall an Verkehrsmengen würde sich praktisch zwar nicht so hoch, wie erwähnt, auswirken, weil ein Teil der stärker belasteten Güter, sofern er nicht auf andere Verkehrsmittel übergehen könnte, die höhere Belastung auf sich nehmen würde. Soweit andere Verkehrsmittel zur Verfügung stehen, würde aber zweifelsohne ein Teil der Güter, wie die Massengüter auf die Binnenschiffahrt abwandern. Soweit dies nicht möglich wäre, müßte im volkswirtschaftlichen Interesse verlangt werden, daß die Massengüter wie Kohle zu solchen Frachtsätzen befördert werden, die eine Ortsveränderung solcher Güter nicht verhindern. Dann wäre aber die Reichsbahn aus betriebsökonomischen Gründen gezwungen, höhere Frachtsätze für andere Güter zu nehmen. Betriebs- wie volkswirtschaftlich ist es also nicht möglich, daß die Reichsbahn alle Güter zu einem Einheitsfrachtsatz befördert. Das wirtschaftlich Gesunde eines Tarifsystems wie dem der Reichsbahn liegt gerade darin, daß es gleichzeitig betriebs- und volkswirtschaftlichen Notwendigkeiten gerecht wird. Was würde alles volkswirtschaftlich Gute nützen, wenn die einzelnen Betriebe dabei nicht lebensfähig wären, was würde andererseits die beste Betriebsökonomie bedeuten, wenn die Volkswirtschaft dadurch erkranken würde?

Was über die betriebs- und volkswirtschaftliche Bedeutung des Regeltarifs gesagt wurde, gilt auch für die Ausnahmetarife. Ein Teil der Ausnahmetarife ist sogar noch stärker betriebsökonomisch als der Regeltarif bedingt. Es gibt Ausnahmetarife, bei denen die Reichsbahn die Höhe der Frachtsätze ausschließlich von der Erzielung einer Mindesteinnahme abhängig macht, wie bei den an eine Mindestmenge gebundenen Ausnahmetarifen. Nicht jede Mindestmengenverpflichtung hat aber betriebsökonomischen Charakter; manchmal ist diese Verpflichtung volks- und gemeinwirtschaftlich notwendig, um gewisse allgemeinwirtschaftliche Ziele nicht durch Einzelbetriebe durchkreuzt zu erhalten.

Gemeinwirtschaftlich sind die Tarife der Reichsbahn, die sie zur Bedienung von Notstandsgebieten, zur Arbeitsbeschaffung und zur Unterstützung von milden und öffentlichen Zwecken u. a. erstellt. Gemeinwirtschaftlich ist auch ein Teil der Seehafenausnahmetarife, wenn durch sie die Ein- und Ausfuhr und die heimischen Seehäfen selbst gefördert werden.

Werden durch die Frachtsätze der gemeinwirtschaftlichen Tarife die beweglichen Kosten ausgeglichen, so ist es für die Reichsbahn auch für solche Beförderungsleistungen immer noch günstiger, sie auszuführen als sie abzulehnen. Auch im Lastkraftwagenverkehr finden wir Beförderungsleistungen gemeinwirtschaftlicher Art. So haben Lastkraftwagenunternehmer besonders in den letzten Jahren ihre Fahrzeuge häufig unentgeltlich oder zu einem geringeren Vergütungssatz zu Transporten öffentlicher Art zur Verfügung gestellt. Neuerdings wird im gewerblichen Güterfernverkehr angestrebt, auch die gemeinwirtschaftlichen Tarifierungen der Reichsbahn zugebilligt zu erhalten.

Es gibt auch Stimmen, die dem gewerblichen Güterfernverkehr die Klassen E—G mit der Begründung vorenthalten wollen, die Anwendung des Reichskraftwagentarifs würde für diesen Verkehr bei Ausdehnung auf die Klassen E—G zu schwierig werden. Glaubt schon die Reichsbahn ihre vielen Ausnahmetarife — für die von mancher Seite der Grundsatz der Einfachheit und Klarheit der Tarife als durchbrochen angesehen wird — mit wirtschaftlichen Notwendigkeiten begründen zu können, so vermag dies der gewerbliche Güterfernverkehr für die Klassen E—G um so mehr zu tun. Die Klassen E—G sind für den gewerblichen Güterfernverkehr so wichtig, daß sie nicht mit dem Grundsatz der Einfachheit und Klarheit des Reichskraftwagentarifs abgelehnt werden können. Die Lastkraftwagenunternehmer befördern im allgemeinen nur einige wenige Güter, deren Tarifklassen ihnen besser bekannt sind als manchen Tarifbeamten. Die Kraftwagenspediteure, die die verschiedenartigsten Güter zur Beförderung vermitteln, sind im Tarifwesen meist so geschult, daß bei ihnen hinsichtlich der Anwendung der Klassen E—G keine Schwierigkeiten bestehen. Im übrigen haben die Frachtenabrechnungs- und Frachtenprüfungsstellen des Reichs-Kraftwagen-Betriebsverbandes, um die Ordnung im Tarifwesen aufrecht zu erhalten, weit mehr Arbeit bei der Beschränkung auf die Klassen A—D, als das etwas umständlichere Abrechnungsverfahren durch die Klassen E—G erfordern würde.

Als weiterer Grund der Notwendigkeit eines Schutzes der Reichsbahn, insbesondere ihres Tarifsystems, wird häufig ihre höhere Bedeutung als Verkehrsorgan im Verhältnis zum Kraftwagenverkehr genannt. Zweifelsohne ist die Reichsbahn heute und auch noch lange in die Zukunft hinein das Rückgrat des deutschen Verkehrssystems. Kein vernünftiger Verkehrspolitiker würde deshalb Maßnahmen gutheißen, die das Bestehen der Reichsbahn ernsthaft gefährden könnten. Ebenso falsch wäre es aber, wenn dadurch das Aufkommen eines neuen Verkehrsmittels, das zumal seine Leistungsfähigkeit schon bewiesen hat, unterbunden werden würde. An früherer Stelle wurde kurz die gesteigerte Leistungsfähigkeit des gewerblichen Lastkraftwagenverkehrs im Jahre 1936 gegenüber dem Jahre 1926 aufgezeigt. Es konnte eine Leistungszunahme festgestellt werden, wie man sie vor 10 Jahren nicht für möglich gehalten hätte. Wird man dem gewerblichen Güterfernverkehr seine Betätigungsgrundlage nicht vorenthalten, so darf auch in Zukunft mit einer weiteren Steigerung seiner Leistungsfähigkeit gerechnet werden. Hat man sich schon während der liberalistischen Wirtschaftsform zum Schutze junger Industrien und Verkehrsbetriebe entschlossen, so muß dies jetzt erst recht der Fall sein. Das bedeutet, daß man dem Kraftwagen eine solche Grundlage geben muß, die seine Weiterentwicklung gestattet. Abgesehen hiervon gibt es zahlreiche Verkehrsbedürfnisse besonderer Art, die der Kraftwagen besser als die Schienenbahn zu befriedigen vermag, ja, die eine Schienenbahn häufig überhaupt nicht erfüllen kann.

Jede Hemmung des gewerblichen Lastkraftwagenverkehrs wird zu einer Ausdehnung des Werkverkehrs führen. Die Berechtigung des Werkverkehrs kann bis zu einem gewissen Umfang nicht bestritten werden. Nimmt aber der Leistungsumfang des Werkverkehrs auf Grund einer Beeinträchtigung des gewerblichen Güterfernverkehrs zu, so widerspricht dies einer gesunden Arbeitsteilung. Es ist wissenschaftlich einwandfrei erwiesen, daß, je gesünder eine Arbeitsteilung, um so blühender eine Volkswirtschaft ist. Der gewerbliche Lastkraftwagenverkehr vermag die Beförderungsleistungen unzweifelhaft zu niedrigeren Aufwendungen auszuführen als die im Werkverkehr meist schlecht ausgenützten Fahrzeuge. Seine Beförderungspreise sind im allgemeinen auch niedriger als die Kosten des Werkverkehrs, und wo sie es nicht sind, besteht ebensowenig ein Recht der Wirtschaft auf Einrichtung eines eigenen Verkehrs, wie etwa eine Bank oder ein Kraftverkehrsbetrieb das Recht haben soll, die Bedarfsgegenstände ihrer Angestellten selbst zu vermitteln. Jede Ausdehnung des Werkverkehrs ist gleichbedeutend mit einem höheren Aufwand der Volkswirtschaft.

Auf den S. 43—44 wurde die allgemeine Beförderungspflicht der Reichsbahn der Betriebspflicht im gewerblichen Güterfernverkehr gegenübergestellt und auf die hierbei bestehende weitergehende Verpflichtung der Reichsbahn hingewiesen. Diese weitergehende Verpflichtung der Reichsbahn wird als weiterer Grund ihres notwendigen Schutzes genannt. Hierbei wird übersehen, daß man vom gewerblichen Güterfernverkehr, solange er an das Tarifsystem der Deutschen Reichsbahn gebunden ist, überhaupt keine Beförderungspflicht verlangen kann. Es ist nicht möglich, einen Betrieb zu Leistungen zu verpflichten, wenn diese, wie es im gewerblichen Güterfernverkehr der Fall ist, zu Bedingungen ausgeführt werden sollen, die ihm wesensfremd sind. Die Reichsbahn könnte ebenfalls keine Beförderungspflicht für Leistungen übernehmen, die zu Bedingungen eines der Eigenart des Kraftwagenverkehrs entsprechenden Tarifs auszuführen wären. Um eine Beförderungspflicht im gewerblichen Güterfernverkehr durchführen zu können, wurde schon vorgeschlagen, der Reichs-Kraftwagen-Betriebsverband solle die Frachten nach Tarif erheben und die Unternehmer nach der Höhe ihrer Aufwendungen entgelten. Ein Unternehmer würde dann die gleichen Einnahmen erhalten, unbeschadet, ob er Schrott nach der Klasse F oder Wolle nach der

Klasse A befördern würde, wobei dann noch an Zuschläge bei Beförderung von hochwertigen Gütern und an Abschläge bei Beförderung von geringwertigen Gütern gedacht ist.

In den letzten Jahren wurde der Gedanke erörtert, die Reichsbahn von der Beförderungspflicht zu befreien, weil bei anderen Verkehrsmitteln auch keine Pflicht zur Beförderung bestehe. Es war dies ein abwegiger Gedanke, der mit einem Betrieb wie dem der Reichsbahn völlig unvereinbar ist. Die Beförderungspflicht wirbt für die Reichsbahn; würde die Reichsbahn vor der Wahl stehen: Aufrechterhaltung oder Verzicht auf die Beförderungspflicht, so wäre es nicht fraglich, wie sich die Reichsbahn entscheiden würde. Die besondere Bedeutung der Reichsbahn ist gerade mit ihrer allgemeinen Beförderungspflicht verknüpft, durch die sie auch in erster Linie ihren gemeinwirtschaftlichen Charakter erhält. Eine gemeinwirtschaftliche Verpflichtung sollte nicht als ein Zwang angesehen werden, zumal, wenn man ihr wie die Reichsbahn ohne erhebliche „Opfer" gerecht werden kann, da sie nach wie vor überwiegend das gesamte Landfrachtgeschäft ausführt. Einem gemeinwirtschaftlichen Betrieb muß es zur Ehre gereichen, gemeinwirtschaftliche Aufgaben übertragen zu erhalten.

Die Beförderungspflicht der Reichsbahn wirkt sich heute besonders in schwach besiedelten Gebieten günstig aus. Hier führt die Reichsbahn Beförderungsleistungen aus, obwohl diese oft nicht einmal die unmittelbaren Aufwendungen der Zugförderung decken. Dies vermag sie natürlich auch nur zu Lasten anderer Verfrachter zu tun.

Will man den Beförderungszwang der Reichsbahn trotz der vorerwähnten Gründe als eine wirtschaftliche Belastung ihres Betriebes anerkennen, weil der gewerbliche Güterfernverkehr in unmittelbarem Wettbewerb mit ihr steht und ihr gewisse Güter zur Beförderung überläßt, deren Verkehrsleistungen sie auch nur ohne Nutzen bewerkstelligen kann, so steht diesem Sachverhalt die gesetzliche Verpflichtung des gewerblichen Güterfernverkehrs gegenüber, sein Tarifsystem und seine Beförderungsbedingungen im Einvernehmen mit der Deutschen Reichsbahn aufzustellen. Das Güterfernverkehrsgesetz vom 26. Juni 1935 enthält nämlich im § 13 die Bestimmung: „Der Verband (Reichs-Kraftwagen-Betriebsverband) hat im Einvernehmen mit der Reichsbahn Tarife für den Güterfernverkehr aufzustellen, die alle zur Berechnung des Beförderungsentgelts (Beförderungspreise und Entgelt für Nebenleistungen) notwendigen Angaben sowie alle anderen für den Beförderungsvertrag maßgebenden Bestimmungen (Beförderungsbedingungen) enthalten müssen". Die Verpflichtung, daß der gewerbliche Güterfernverkehr im Einvernehmen mit der Reichsbahn seine Tarif- und Beförderungsbedingungen aufzustellen hat, macht es für den Reichs-Kraftwagen-Betriebsverband unmöglich, Tarife und Beförderungsbedingungen von sich aus zu erstellen. Dies ist um so schwerwiegender, als das Einvernehmen auch eines wohlgesinnten Wettbewerbers nicht immer leicht zu erhalten ist.

Das gesetzlich vorgeschriebene Einvernehmen zwischen Reichsbahn und Reichs-Kraftwagen-Betriebsverband führte zu dem ab 1. April 1936 geltenden Reichskraftwagentarif mit der Kraftverkehrsordnung, die mit dem deutschen Eisenbahngütertarif und der Eisenbahnverkehrsordnung weitgehend übereinstimmen. Die besonderen Verhältnisse im gewerblichen Güterfernverkehr sind im Reichskraftwagentarif nahezu gänzlich unberücksichtigt geblieben. In den Frachtberechnungsvorschriften des Reichskraftwagentarifs wird, wie bei der Reichsbahn, zwischen Hauptklassen mit einem Frachtberechnungsgewicht von 15 t und zwei Nebenklassen mit Frachtberechnungsgewichten von 10 und 5 t unterschieden. Eine solche Unterscheidung ist für die Reichsbahn genehm, da ihre Wagen meist eine Nutzlast von 15 t aufzunehmen vermögen, nicht hingegen für den gewerblichen Güterfernverkehr, da dessen Fahrzeuge meist eine geringere Tragfähigkeit als 15 t besitzen. Ein Unternehmer mit einem Lastzug von 10 t Tragfähigkeit ist nicht in der Lage, Sendungen nach den niedrigen Frachtsätzen der Hauptklasse abzufertigen, sondern muß die höheren Sätze der Zehntonnen-Nebenklasse in Anrechnung bringen.

Der Frachtberechnung im gewerblichen Güterfernverkehr müssen ferner wie bei der Reichsbahn die Eisenbahntarif-Entfernungen zugrunde gelegt werden, obwohl die Landstraßenentfernungen zum Teil kürzer oder länger als die Schienenentfernungen sind. Diese Bestimmung ist im allgemeinen wohl vertretbar, da gegenwärtig die Landstraßenentfernungen noch nicht genügend bekannt sind. Es kann nicht Aufgabe dieser Arbeit sein, im einzelnen aufzuzeigen, wie bis zu einer allgemeinen Feststellung der Landstraßenentfernungen große und bekannte Unterschiede in den Entfernungen der Fahrbahnen der beiden Verkehrsmittel für die Frachtberechnung anzuerkennen sind. Vor allem sollte es nicht vorkommen, daß, wenn ein Verlade- oder Empfangsort einige Kilometer näher an einem Kleinbahn- als einem Reichsbahn-Güterbahnhof liegt, der Kleinbahnhof selbst dann für die Tarifentfernung maßgebend ist, wenn dadurch die Verkehrsbeziehungen um 50 und noch mehr Kilometer größer werden als bei Zugrundelegung des Reichsbahntarif-Bahnhofs.

Eine erhebliche Belastung des gewerblichen Güterfernverkehrs liegt in der vorgeschriebenen Abfertigung der Güter mit und ohne Bedeckungszuschlag. Während es dem Verfrachter bei der Reichsbahn im allgemeinen freisteht, seine Güter in offenen oder bedeckten Wagen befördern zu lassen und demgemäß den fünfprozentigen Bedeckungszuschlag zu bezahlen oder nicht, können im gewerblichen Güterfernverkehr nur die Güter ohne Bedeckungszuschlag befördert werden, die bei der Reichsbahn in der Regel in offenen Wagen verladen und namhaft gemacht werden. Auch wenn bei der Reichsbahn Güter in erheblichem

Ausmaß ohne Bedeckungszuschlag abgefertigt werden, muß im gewerblichen Güterfernverkehr, obwohl hier nahezu nur offene Fahrzeuge mit Planen verwendet werden, bei solchen Gütern Bedeckungszuschlag erhoben werden, und zwar selbst für Güter, die während ihres Gebrauchs ununterbrochen naß werden.

Im Reichskraftwagentarif blieben auch die artgemäßen und seit mehr als 10 Jahren üblichen Verkehrsbedienungen des gewerblichen Güterfernverkehrs, wie die sog. „Unterwegs- und Linienverkehre" unberücksichtigt. Es müßten für solche Verkehrsbedienungen tarifarische und beförderungsrechtliche Sonderbestimmungen geschaffen werden.

Während also der gewerbliche Güterfernverkehr in der Gestaltung des Reichskraftwagentarifs von der Reichsbahn abhängig ist, hat der Reichs-Kraftwagen-Betriebsverband andererseits keinen Einfluß auf die Tarifmaßnahmen der Reichsbahn, und zwar selbst dann nicht, wenn sie unmittelbar die Belange des gewerblichen Güterfernverkehrs berühren. Auf dem wichtigsten Gebiet eines Wirtschaftsbetriebs, auf dem der Preisbildung, fehlt dem gewerblichen Güterfernverkehr seine Selbständigkeit, ja, er ist sogar verpflichtet, zwangsmäßig Tarifmaßnahmen der Reichsbahn mitzumachen, die seiner Eigenart unmittelbar zuwiderlaufen.

Stellt man diese Verhältnisse beim gewerblichen Güterfernverkehr der Beförderungspflicht der Reichsbahn gegenüber, so ist man versucht, zu fragen: Bringt die Reichsbahn durch ihre Beförderungspflicht ein größeres „Opfer" als der gewerbliche Güterfernverkehr durch den Verzicht auf die Selbständigkeit seiner Preisbildung und durch die Bindung seiner Beförderungsbedingungen an die Bestimmungen des Deutschen Eisenbahngütertarifs ?[1]

Will man das Problem Schiene—Landstraße einer gesunden Lösung

---

[1] Als Grund für den Schutz der Reichsbahn wurde auch geltend gemacht, daß sie im Gegensatz zum Kraftwagen mehr öffentliche Lasten und die Aufwendungen für ihre Fahrbahn selbst aufzubringen hätte, während die Fahrbahn für den Kraftwagen vom Staate aus allgemeinen Steuergeldern zur Verfügung gestellt werden würde. Mangels genügender zuverlässiger Unterlagen und Prüfungsmöglichkeit der einzelnen Belastungen wird von der Wiedergabe eines rechnerischen Vergleichs abgesehen. Nachdem die Steuern des gewerblichen Güterfernverkehrs und die Zollbelastung für seine Betriebs- und Schmierstoffe erheblich erhöht worden sind, und nachdem insbesondere seit dem 1. Oktober 1936 ihm ebenfalls die Beförderungssteuer auferlegt worden ist, kann von einer Vorzugsstellung dieses Verkehrsmittels wohl keine Rede mehr sein. Rechnet man die von der Reichsbahn veröffentlichten Steuern, Abgaben und politischen Lasten zusammen und vergleicht man diese Lasten mit der Belastung des gewerblichen Güterfernverkehrs an Steuern und Zöllen (ohne Leistungsvergütung und Abgaben an den RKB.), so ergibt sich für diesen eine verhältnismäßig stärkere Belastung als für die Reichsbahn. Dies tritt dadurch ein, daß die Reichsbahn nahezu von allen allgemeinen Steuern befreit ist; wird von der Beförderungssteuer abgesehen, so bezahlt die Reichsbahn an Steuern und öffentlichen Abgaben einen Betrag von nur etwa 0,9% ihrer Einnahmen.

entgegenführen, so darf der Blick nicht starr auf das Tarifsystem und die Beförderungsbedingungen der Reichsbahn gerichtet und gleichzeitig erwogen werden, in welcher Form das für die Reichsbahn Gültige und Richtige auf den Lastkraftwagen übertragen werden kann, um dieses Verkehrsmittel in bestimmten Bahnen zu halten. Es ist in dieser Arbeit eingehend auf die Bildung von Beförderungspreisen hingewiesen worden, um darzutun, welche Wege zur Erreichung gesunder Preise beschritten werden müssen. Befreien sich die Verkehrspolitiker einmal in Gedanken von dem Eisenbahntarifsystem und versuchen, die Preisbildung in ihrer ganzen Beweglichkeit zu durchdenken, so werden sich, wenn dieses geistige Abenteuer bestanden wird, bestimmt neue Wege eröffnen, die zu einem gesunden Preissystem für den gewerblichen Lastkraftwagenverkehr führen. Man darf bei einem so bedeutenden Verkehrsmittel wie dem Lastkraftwagen nicht einfach die Nachfrageseite, also die Verkehrsbedürfnisse und Preiswilligkeit der Verfrachter, und die Angebotseite, d. h. die Kostenhöhe und Leistungsfähigkeit dieses Verkehrsmittels, unberücksichtigt lassen. Man muß sich zu einem Tarifsystem und zu Beförderungsbedingungen des gewerblichen Güterfernverkehrs bekennen, die der Eigenart dieses Verkehrs gerecht werden. In einer späteren Zeit wird man kaum mehr verstehen, daß es in Deutschland einen Reichskraftwagentarif in völliger Abhängigkeit von dem Deutschen Eisenbahngütertarif gab, wobei der gewerbliche Güterfernverkehr keinen Einfluß auf das Eisenbahntarifsystem, ja nicht einmal einen entscheidenden Einfluß auf sein eigenes Tarifsystem gehabt hat. Wenn man auch nicht sofort von Grund auf ein eigenes Tarifsystem für den gewerblichen Güterfernverkehr schaffen will und kann, so sollten doch alle diejenigen Bestimmungen, die wohl vorzüglich für die Reichsbahn passen, aber sehr beengend für den Kraftwagen sind, geändert werden. Es sollte eine Grundlage geschaffen werden, die es ermöglicht, die besondere technische Leistungsfähigkeit des Lastkraftwagens durch tarifarische und verkehrsrechtliche Bestimmungen zu verwirklichen. Welch allgemeinwirtschaftlicher Nachteil liegt allein darin, daß der gewerbliche Güterfernverkehr für rasch auftretende besondere Verkehrsbedürfnisse keine Sondertarife erstellen kann, ohne zuvor ein Einvernehmen mit der Reichsbahn herbeigeführt zu haben. Der gewerbliche Güterfernverkehr kann sich nur dann entwickeln, wenn ihm der notwendige Bewegungsraum gegeben wird. Der Reichs-Kraftwagen-Betriebsverband muß zu diesem Zweck der Treuhänder für den gewerblichen Güterfernverkehr werden. Die Stellung des Reichs-Kraftwagen-Betriebsverbandes als Treuhänder muß so gefestigt sein, daß die anderen Verkehrsmittel, insbesondere die Reichsbahn, unbedingt Vertrauen zu seinen Maßnahmen haben können. Dann sollten die Vertreter der Verkehrsmittel und der Verfrachter (vertreten durch Organisationen wie die Wirtschaftskammern und Wirtschaftsgruppen) jeweils zusammen die grundsätzlichen Bedingungen, insbesondere die Beförderungspreise (s. Kapitel 2), für die Ausführung von Verkehrsleistungen festlegen. Nur ein gegenseitiges Verstehen kann zu gesunden Ergebnissen für alle führen. Eisenbahn, Kraftwagen und andere Verkehrsmittel sollten als ein Betrieb wirken, der zum Nutzen der Volksgemeinschaft auf Grund der Leistungsfähigkeit der einzelnen Glieder eine entsprechende Verkehrsteilung durchführt; geschehen muß dies unter dem jetzt viel gebrauchten Kennwort: Leistungswettbewerb. Etwas „Lokalpatriotismus" darf auch dabei sein; in seinem heutigen Umfang bei den einzelnen Verkehrsmitteln ist er aber geradezu abwegig.

Haben Verkehrsmittel schon immer Völker verbunden, so sollten sie um so mehr die einzelnen Glieder eines Volkes vereinigen. Eisenbahn, Kraftwagen, Schiffe und Flugzeuge sind Produktionsmittel, die jedem zu Diensten stehen müssen. Wer auch immer mit einem Produktionsmittel arbeitet, sei es der Unternehmer oder der Arbeiter, jeder hat ein Diener für die Gemeinschaft und ein verantwortlicher Verwalter und Förderer des Volksvermögens zu sein. Es ist nicht so, wie man früher anzunehmen pflegte, daß die Vorgänge innerhalb eines Betriebes eine rein private Angelegenheit wären. Solche Einstellung, die der liberalistischen Wirtschaftsform zu eigen war, kann nur zu Krankheitsprozessen führen. Huldigen all die einzelnen Betriebe einer Volkswirtschaft nur ihrem heiligen Egoismus, so müßte stündlich ein übermenschliches Wunder geschehen, wenn aus dem tausendfältigen Egoismus der einzelnen plötzlich ein harmonischer Organismus für alle werden sollte. Es geschehen aber keine Wunder im Wirtschaftsleben ohne den Menschen, und es gibt im Wirtschaftsleben auch keinen Kreislauf, der sich ohne menschliches Zutun abspielt. Es gibt im Wirtschaftsleben einen Verwandlungsprozeß, der im Gegensatz zur Natur hier vom Menschen bewirkt werden muß, ein Prozeß, in dem in gesunder Weise Werte gebildet und wieder entwertet werden müssen. Götter schaffen und zerstören die Natur, die Wirtschaft muß aber vom Menschen geschaffen und ihre Werte vom Menschen entwertet werden.